Benefits From Psychological Revelations

心理咨询师 吴文铭 ◎编著

受益一生的心理学启示

（第2版）

中国纺织出版社

内 容 提 要

心理学是关于灵魂的科学，人的生活首先也主要是由人的心理与行为支撑的，需要心理学的知识提供帮助。

本书从心理现象、心理暗示、心理效应、心理定律、心理力量等几个方面，用通俗的语言并结合生动和具有启发性的案例，将心理学上的基本概念给予精彩阐释，使你看清自己的心理，深谙他人的心思，了解每个行为背后所要表达的真实的意义，借此更好地引导生活，改变人生。

图书在版编目(CIP)数据

受益一生的心理学启示/吴文铭编著. —2版. —北京：中国纺织出版社，2015.1（2023.5重印）

ISBN 978-7-5180-1118-6

Ⅰ.①受… Ⅱ.①吴… Ⅲ.①心理学—通俗读物 Ⅳ.①B84-49

中国版本图书馆CIP数据核字(2014)第237580号

责任编辑：闫 星　　　　责任印制：储志伟

中国纺织出版社出版发行
地址：北京百子湾东里A407号楼　邮政编码：100027
销售电话：010—67004422　传真：010—64168231
http://www.c-textilep.com
E-mail:faxing@c-textilep.com
中国纺织出版社天猫旗舰店
官方微博 http://weibo.com/2119887771
永清县晔盛亚胶印有限公司印刷　各地新华书店经销
2008年12月第1版　2015年1月第2版　2023年5月第3次印刷
开本：710×1000　1/16　印张：17.5
字数：245千字　定价：78.00元

推荐评语

学习心理学，能开阔人的视野，丰富人的思想和观点，实现自我价值。作者能把自己所学的心理学知识奉献于社会、服务于人民，这是一件很有意义的事。

——阿里巴巴(中国)人力资源部招聘经理　谢志勇

本书写作流畅，通俗易懂，深入生活，把心理学理论知识与人们的日常生活与工作联系起来，是一本大众读者了解心理学与自我的极好读物！

——联想移动通信科技有限公司人力资源部经理　谢智谋

有的人之所以未能成功，与情商有密切关系。成功不仅要靠智商，更要靠情商。本书告诉你如何提高情商，将自己的身心调整到最佳状态，从而去迎接挑战，取得成功！

——中国农业银行屏南县支行　杨明

吴文铭先生用通俗易懂的文字揭示心理学的奥秘，诠释人们内心世界的活动。读过此书，能让你更好地认清自己，受益一生。

——网讯技术(中国)有限公司西南区总经理　郭霖

本书告诉我们如何选择一个健康、快乐的人生，无论是工作、学习，还是生活，它都可以成为每个人的良师益友。

——益才猎头总经理　林河杰

读完书中一个个短小精悍的故事以及故事后的心理学启示，我的感触颇深。此书就像一杯白开水，初尝平淡，实则受益一生。

——卓博人才网华南大区经理　张旭阳

本书值得你去品味与感受情商所赋予的魅力所在，相信能够让你有所发现并有效借鉴，助你加速实现属于自己的那份成功。

——福建强生置业投资有限公司执行董事　李孙建

一直在想寻找一把能开启心灵的钥匙，解开自己数十年工作与生活中所遇到的困惑，今天有幸拜读了本书，感觉内心豁然开朗，困惑一扫而空。

——深圳森源家具集团人力行政总监　钟爱军

我们很多时候都觉得很迷茫，为什么事情总是这样？为什么总是觉得让自己意外？本书很好地解释了各种行为产生的心理学因素，值得我们一看。

——广东五叶神实业发展有限公司财务部　王勇博士

作者一直将心理学运用在人力资源管理上，在实际工作中取得很好的成绩，而本书的出版必定会为更多的人走向成功提供借鉴，让我们更加了解自己和他人！

——钧石能源股份有限公司总经理助理　张茂斌

节奏紧张的现代生活让很多人都面临着心理健康的困扰，为什么会这样？如何进行调适？本书将向你娓娓道来，让我们一起来为心灵做个 SPA 吧！

——江汉大学文理学院教务处　朱恺

书中用现实生活中的案例简单明了地阐述了心理学的巨大影响，即使外行人也很容易理解。

——软件项目经理　沈商民

第1版

✽✽✽✽✽ 前 言 ✽✽✽✽✽

心理一直是一个神秘的领域,心理世界的奇妙不亚于一个浩瀚的海洋,同时又好似一个五彩缤纷的万花筒。自古那些能够占卜命运、看透人心的类似于巫师这样的角色的人,都令人敬畏有加。在某些人的眼里,他们的“法力”无边,使得普通人在他们面前都是透明的。

当然,科学发展到今天,巫术和迷信等早已破除,对命运的预测多是推理的结果,对心理的揣摩更是依据人的行为、话语、思维、习惯等做出的。然而,心理学家仍然让人感到钦佩、神秘。

“你是学心理学的,一定知道别人心里想些什么吧!”“他是搞心理学研究的,什么鬼把戏也瞒不过他,在他面前还是防着点好。”诸如此类的话说明了普通人对心理学家这一职业的片面理解和对心理知识的匮乏,不禁使心理学从业人员感到啼笑皆非。那些初次接触心理学的人,常常有神秘、玄妙之感。其实,心理学是人类为了认识自己而研究自己的一门基础科学,与那些虚幻、迷信的东西毫无联系。

“心理学”一词在英语中的解释是“Psychology”,它来源于希腊语 Psyche 和 Logos 两个词。前者指“精神”、“心灵”,后者指“理性”、“理念”或“规律”的意思,两者合起来就是“灵魂或精神的规律”。因此,最初人们把心理学看做关于灵魂的科学。

随着精神文明和物质文明的进步,实践活动更加深入,自然科学、技术科学飞速发展,“灵魂说”的解释不足以满足求知者的欲望,他们力图从物质发展的规律性方面对其作出科学的界定。考证史料,有些心理学家把亚里士多德的《论灵魂》看做最早的一部论述心理学思想的著作。“心理学有一个漫长的过去,却只有一个短暂的历史。”德国心理学家艾宾浩斯的这句话恰当地说明了心理学的发展。1879 年,德国生理学家冯特在莱比锡大学建立的第一个心理实验室,标志着现代心理学的开端。从此,人们开始用实验的方法,通过数理统计来对人的心理现象进行分析,才使心理学摆脱哲学的母体,走上独立发展的道路,成为一门独立的学科。

近一个多世纪以来，随着科学技术的进步，心理学研究蓬勃发展，出现了百家争鸣、学派林立的繁荣局面。人们对心理的认识更加透彻，对心理学这门学科更加肯定。人们逐渐认识到，心理学不同于人们日常生活的零散经验，它是随着现代科学的发展，人类在长期社会实践中经过理论探索、实验研究、总结积累所获得的知识结晶；并能在理论的指导下不断发现其规律，指导人们的社会实践活动。

心理学家说："人的生活首先也主要是由人的心理与行为支撑的。"一天清晨，你从睡梦中醒来，看到明媚的阳光照进屋子，听到窗外有清脆的鸟叫声。打开窗户，一阵微风吹来，倍感凉爽。尽情地吸几口清新的空气，似乎嗅到了熟悉的月季花的香味，猜想这花香大概是从不远处的花园里传来的，于是便想起那里留有你儿时嬉戏的足迹。想到这么晴朗的天气，出去郊游是多么愉快的一件事，但因为有任务在身，虽然是休息日，也要耐住性子，坚持工作。

这是一个简短的生活片段，里面却包含了一系列的心理活动："看到、听到、感到、嗅到"是心理学中讲的"感觉"和"知觉"；"猜想"是心理学中讲的"思维"；"想起"是心理学中讲的"记忆"；"愉快"属于"情感"；"坚持"属于"意志"。这些心理活动或心理现象，都是人们极为熟悉的。

因此，可以说，心理学所涉及的内容渗透于生活中的各个领域，无论生活中的衣食住行，还是社会中的为人处世，都离不开心理学，都需要心理学的知识和帮助。

本书分析了为人处世与日常生活中的诸多心理学现象，从心理美容、心理暗示、心理效应、心理现象、心理定律、心理力量等角度分开进行阐述，让读者深入了解心理学的奥妙以及对人生的影响。并将人们在生活中遇到的各种心理问题以故事的形式深入浅出地呈现在大家面前，即使不懂心理学的人，也可以通过一个个经典的故事和实验认识到自己问题的所在，进而寻求一种最简单有效的解决方式。

心理学深刻地影响着人们的生活。阅读本书，了解日常生活中的一些心理学常识，懂得心理学对个人发展的影响以及在生活中的作用，这对我们认识自我、看待生活、改变人生来说都具有积极的作用。

编著者

2008年8月

很多时候你是不是觉得自己无能为力？但事实并非如此。本书让你学会一切皆因你而不同，发现生活的真谛，品味美好人生。

——心理咨询师　邱淑兰

人的行为都是受心理活动支配的，在任何时候都离不开心理学的指导。本书就是生活中的一盏启航灯，当你迷失的时候，它能成为你的指南针。

——心理咨询师郑晓明

小故事，大智慧；浅道白，深启示。本书将生活中许多看似平淡无奇的小故事用心理学原理作了生动揭示，细细品味，会有全新的感觉！

——心理咨询师　马静

书中蕴涵了心理学知识以及在心理咨询和心理治疗中的各种技巧，是心理学工作者值得一看的好书。

——福州心灵绿洲心理咨询工作室主任、心理治疗师　林文龙

一个马掌钉改变一个战役进程，一本好书改变一个人的命运！本书是一本值得一看的佳作。

——温州中闽研磨材料有限公司高级工程师　陆建潮

第2版

✤✤✤✤✤ 前 言 ✤✤✤✤✤

有人说心理学太艰涩，非常理论化，甚至是很难看懂的东西。不过，在生活中总有一些我们无法察知的心理现象在发生着，假如我们能将心理学与生活融会贯通起来，肯定会令人有一种顿悟的感觉。心理学，研究心理现象的科学，主要是揭示心理现象发生、发展的客观规律，用以指导人们的实践活动。而心理，则是对心理现象、心理活动的简称，一个人在清醒状态下，随时都可以体验。某些心理，人们对它并不陌生，比如悲伤、高兴、恐惧等。可以说，心理学在生活中无处不在，与人们生活息息相关。

德国著名心理学家约翰·弗里德里希·赫尔巴特说："每个人都应了解心理学基础，因为人类活动的全部可能性的概要均在心理学中从因到果地陈述了。"

的确，对于每个人来说，心理学常识是最基本的知识，有助于个人潜能的发掘，人际关系的和谐，身心健康的维护。著名心理学家威廉·詹姆斯教授，经过认真研究发现了人的心理活动规律以及人生成功的必要条件，并提出了许多发人深省的观点。深谙心理学，是一个人发展与完善自我和获得幸福人生的基本原则和简明方法。

本书以浅显易懂的语言，展现出个人心理问题，并给予适当的心理启示，堪称心理学入门的精华版。

阅读完这本书，你会更精确地了解自己的心理困惑，从而排除心理垃圾，还自己一个健康的心理。或许，在阅读这本书之前，你还在为诸多心理问题而烦恼，但是，当你阅读完本书以后，眼前顿时会有种豁然开朗的感觉，仿佛如阳光照进了心里，感到十分惬意。

编著者

2014年9月

目录
CONTENTS

【第一辑】给予心理美容，照亮人生的幸福之路

人类历史上第一次心理实验 / 3
心理年轻的人青春永驻 / 5
人的心理会被别人引导 / 7
欲望为何在心中不断滋生 / 9
为什么得不到的总是最好的 / 12
为什么对未到来的事情过分忧虑 / 14
把你的心放空 / 16
倾听内心的声音 / 17
怀念过去但不要逃避现实 / 19
心理平衡每一刻 / 21
人为什么总爱钻牛角尖 / 23
适合你的心理保健方法 / 26
你是否把健康看得很重要 / 28

【第二辑】了解心理暗示，隐藏的力量在你心中

心理暗示的作用 / 35
每个人都会受到心理暗示的影响 / 37
流言的心理暗示作用 / 39
积极的心理暗示作用 / 41
克服消极的心理暗示 / 44
罗森塔尔效应：给予肯定的鼓励 / 46
安慰剂效应：相信则灵 / 48
水心理：水可以洗净罪恶 / 50
告诉自己，我可以做想成为的那个人 / 52
一张白纸在心里也有强大的力量 / 54
大声地说，我是最出色的 / 56
在心底点燃热情之火 / 57
在绝境中，要暗示自己存在奇迹 / 59
改变自己的力量在心中 / 61
困难在心中变大 / 63
想象怎样，你就会怎样 / 65
给心一个正确的方向 / 67

【第三辑】把握心理效应，探究内心深处的秘密

光环效应：每个人都有爱屋及乌的心理 / 73
跳蚤效应：人生的高度受限于心理 / 75
鸟笼效应：摆脱无畏的烦恼 / 76
霍桑效应：让自己由 A 跨向 A^+ / 78
马太效应：善于引导自己 / 80
超限效应：做事要把握好分寸 / 82
鲶鱼效应：生存需要积极竞争 / 84
亲和效应：让别人感到你是“自己人” / 86
责任分散效应：时刻做好你自己 / 89
齐加尼克效应：消除紧张心理 / 91
苏东坡效应：让自己处在庐山外 / 93
邻里效应：交往越多越亲密 / 95
卢维斯效应：让谦虚的心为人生护航 / 98

【第四辑】细看心理现象，细微处改变你的命运

詹森心理：为什么发挥失常 / 103
亏欠心理：人总是寻找心理平衡 / 105
自尊心理：每个人都有获得尊重的需求 / 107
破窗理论：事事都要防微杜渐 / 110
拉图尔定律：起名的心理 / 112
习得性无助：错误往往悄悄弥漫 / 114
工作心理：一周内哪天心理更累 / 117
懊悔心理：下一次要做得更好 / 119
忍耐心理：沉住气才能成大器 / 122
犹豫心理：摧毁你人生美景的炸弹 / 125
掩饰心理：自欺欺人更可悲 / 128
从众心理：多数的并不一定是正确的 / 130
野心心理：做不一样的自己 / 133

【第五辑】看透心理定律，遇见心想事成的自己

重复定律：不断增强自己的实力 / 139
情绪定律：先处理心情，再处理事情 / 141
坚信定律：激发自我驱动力 / 144
期望定律：有多大期望，就有多大的成就 / 147
韦奇定律：外来干扰会影响人的决策 / 150
异性吸引定律：把握交往的度 / 153
绝境定律：给自己一片危崖 / 155
压力定律：有压力才有活力 / 158
优势定律：不要让心理因此而失衡 / 162
借口定律：下意识地推脱责任 / 165

【第六辑】激发心理力量，勇敢做最出色的自己

潜意识与心理 / 171
心理创造伟大奇迹 / 172
不要被霉运弄得垂头丧气 / 174
心灵的韧度由自己打造 / 175
在心里留有梦想 / 177
改变命运的力量在心中 / 179
谎言总是藏在心里的最深处 / 181
自己拯救自己 / 183
拥有一颗坚强的心 / 185
心是永远摔不碎的 / 186
获得自己想要的结果 / 188
要看到自己的优势 / 190
保有一颗冒险的心 / 191
在心里保有奋斗的激情 / 193
不要把自己的缺点深藏在心底 / 195
强者的心中从来就无惧挫折 / 197

【第七辑】剔除心理毒瘤，积极做最真实的自己

接纳真实的自己 / 201
给痛苦找个出口 / 203
不要为了别人而生活 / 205
不要让自己盲目忙碌 / 207
赶走你的坏情绪 / 208
用真心才能换真心 / 210
跨越心中虚设的障碍 / 212
你是否有正确的钱心理 / 213
摆正自己的位置 / 216
卸去欲望的包袱 / 218
清除自卑，发现自己的价值 / 220
你有依赖心理吗 / 223
战胜畏惧，做生活的强者 / 226
人人都有嫉妒心理 / 229

【第八辑】保持心态平衡，悉心修正健康的心理

保持与人为善的心态 / 237
希望是心中最坚强的力量 / 239
每个人的心底都有悲伤划过 / 241
付出是一种幸福 / 243
坏事换个角度想就是好事 / 245
人总是自己与自己较劲 / 247
无论是顺境还是逆境，都将会过去 / 249
永远不要输给自己 / 251
对待敌人并不只有痛恨 / 253
用宽容之心对待他人 / 256
不要为得到别人的赞美而活着 / 259
你未注意到的心理摆规律 / 260
人应该只和自己比 / 263

参考文献 / 266

第一辑

给予心理美容，照亮人生的幸福之路

人的心理在很多关键时候决定着人的心态和行为，心理的清澈会让人从内到外散发出自信的光芒。心理美容是一种气质、风度的美容，更是对心理的修饰。一个人倘若心理是残缺的，哪怕只是消极的，他的人生也定会与幸福相隔甚远。对心理的端正和矫饰，让你不会被别人认为是贾宝玉的剪影——“纵然生得好皮囊，腹内原来草莽”。一个人拥有美丽的外表会受人欣赏，而拥有美丽的心灵则会令人赞赏。心理美容，让你找到那个真善美的自我。

人类历史上第一次心理实验

人们对自己心理的认知早在几千年前就已开始，心理学的浩瀚也正是其魅力的源泉。

++

远在两千六百多年前的一天，古埃及的两个婴儿刚出生，就被抱离母亲的怀抱，交给一个远在边陲的牧人抚养。牧人把他们分别安置在两个隔离的房间内，生活环境温暖舒适，食物充足，但是，周围除了草原上奔马的嘶鸣和羊群的咩咩叫声之外，他不准任何人跟他们说一句话，更准确点说，是不让他们听到任何人类的语言……牧人为什么这么做呢？为什么要这样对待两个刚刚出生的婴儿呢？

在古埃及有这样一个传说：

古埃及人一直认为自己是世界上最古老的民族。他们一直想证明这个事实。

到了公元前7世纪的后半叶，萨姆提克当上了埃及的国王。在萨姆提克统治期间，他不仅将亚述人驱逐出境，使埃及的艺术和建筑得以昌盛，为社会创造出极大的财富，而且把埃及建设成当时世界上最强大的帝国。早在孩提时期，萨姆提克就立下了两大宏愿：做埃及国王和证明埃及民族是世界上最古老的民族。现在他如愿以偿地当上了埃及国王，可以着手实现自己的第二个心愿了。

当时有人向萨姆提克提出了这样一个假设：如果孩子一出生就把他们隔离开来，使他们没机会从周围的人那儿学习语言，那么，他们可能会本能地说出一种最原始的语言——人类与生俱有的语言。萨姆提克认同这个观点,他想以此证明,最古老的民族就是埃及。

萨姆提克开始着手行动,他命人抱来两个农夫的婴儿,并把他们交给一个远在边陲的牧人抚养。希腊历史学家希罗多德追溯了这个故事的真正起源,它来自麦菲斯的赫菲斯托斯教堂的牧师之口。他说,萨姆提克的目的其实很简单,就是想知道这两个婴儿咿呀学语之后所说出的第一个单词是什么。

孩子们快两岁了,这一天,牧人照常打开房门,孩子们突然跑向他叫道:“贝克斯……贝克斯……”牧人欣喜万分,这可是两年来孩子们除了哭和笑之外说出的第一个单词呀!牧羊人没有耽搁,立即将两个孩子送到了国王的宫廷。这时的萨姆提克正在主持朝政,两个孩子被带上来后,宫廷里群臣颔首,鸦雀无声,只有墙角的滴水时钟在叮咚作响。终于,萨姆提克也从孩子们的口里听到了“贝克斯”这个词。

萨姆提克反复思索这个词的意思,但还是一无所获,于是命令全国的语言学家都到宫廷里集合来破解这一人类语言之谜。语言学家的答案出来了——“贝克斯”在弗里吉亚语中是“面包”的意思。他非常失望,他认为这个实验证明弗里吉亚是一个比埃及更古老的民族。

心理学启示

从上文的故事中我们可以看到,人类很早就开始了对自身的心理探索和认识。虽然那时的推论还不完善,但已经开拓了心理实验的先河。

对于萨姆提克研究的问题,如今心理学家和科学家通过实验观察,发现世界上根本不存在天然的语言,这也不符合唯物论的事物是联系的观点。抛开事物之间的相互联系,不可能凭空产生语言或其他的东西。况且人是群体动物,一个从小就生活在与世隔绝状态下的人,根本不可能自己“说话”。萨姆提克的假设只是停留在一个猜想之中,但我们仍然对他肃然起

敬，他的这次实验被称为人类历史上的第一次心理实验。

心理年轻的人青春永驻

心理对生理的影响不可忽视，我们在关注自己美丽容颜的同时，更要呵护内心的健康。

++

职场上有这样一种说法，年轻时拿命换钱，年老时拿钱换命。这虽有调侃的意味，但也正说明了社会生存的压力。心理学家研究说，现在这一代年轻人的心理呈现两极化的状态。也就是说，有些年轻人心理过早成熟，而有些年轻人则心理不成熟，仍然像小孩子一样缺乏理想和抱负。

一位心理学家对这种现象的担忧更多的是在那些心理过于成熟的年轻人身上。他说，人的生理年龄和心理年龄是有着密切联系的。只有心理年轻，才能永远保持年轻，反过来说，如果一个人的心理年龄过早成熟，他同样会有过早进入生理衰老期的危险。

他举了这样一个例子：

一天上午，他按习惯去打保龄球，刚换完衣服还没开始，隔壁球道上来了一位老人，也是自己一个人。虽然看上去有点老态龙钟的样子，但手脚还挺利落，球打得有模有样的。

他上前打过招呼之后，就问对方有多大年纪，老人把三个手指头一捏，说已经七十岁了。看着老人笑呵呵的神态，他忽然明白了：老人锻炼身体，不在于他玩什么，也不在于他玩得怎么样，关键是他能出来玩，关键是他在玩球时候的那种心态。几局保龄球打下来他除了活动活动筋骨之外，更重要的是心情舒畅，得到了心理上的满足，一个人只有心理年轻了，人才能真正保持年轻。

最后,心理学家给出了这样几条保持心理年轻的建议:

1. 脸上时常挂着笑容

情绪具有极强的感染力,当你以微笑面对别人的时候,你和别人的关系就会更为融洽。更重要的是,你每天都会有好的心情。这对你的容颜和心理是最好的滋养。

2. 追求你内心的热情

选择对你有意义并且能让你快乐的事情去做,巴金曾说:"没有人因为多活几年几岁而变老;人老只是由于他抛弃了理想,岁月使皮肤变皱,而失去热情却让灵魂出现皱纹。"热情与激情往往相连,它是推动追求的动力,是幸福的助燃器。

3. 充足的睡眠能让心理保持年轻

睡眠是最好的药物,如果整日因缺少睡眠而精神萎靡,那么心理的状态也不会好。对于那些工作繁忙的人来说,虽然有时"熬通宵"是不可避免的,但每天7~9小时的睡眠是一笔必要的投资。这样,在工作的时候,你会更有效率、更有创造力,也会更开心。

心理学启示

孩提时代那段无忧无虑的时光,是一生中最快乐的光景。很多成年人在寻找生活的快乐时,会感到茫然,在生活的压力下,很容易感到身心疲惫。

当他们静下心来,回眸那些天真烂漫、无忧无虑的孩子,或许就会得到启发:孩子的快乐和活力,不仅在于他们年轻,而且在于他们快乐的、没有被欲望侵占的心理。正因为孩童的心理没有被世俗的欲望所侵蚀,所以他们的心理是纯洁无瑕的。不管周围的环境怎样,在他们的心中,总是充满着希望和快乐的阳光。

人的心理会被别人引导

人的心理有时连自己都不能摸透，却能在不知不觉的状态下被别人引导，做出符合他人要求的判断和行为。

++

鲁迅是中国伟大的文学家，他的文字曾带给一代中国人无穷的力量。记得鲁迅先生曾于 1927 年在《无声的中国》一文中写下了这样一段文字："中国人的性情总是喜欢调和、折中的，譬如你说，这屋子太暗，说在这里开一个天窗，大家一定是不允许的，但如果你主张拆掉屋顶，他们就会来调和，愿意开天窗了。"这种先提出很大的要求，接着提出较小、较少的要求，在心理学上被称为"锚定和调整启发式"，它会引导人的心理，使人不可思议地采取某些行动。

一位心理学家在课堂上讲过这样一个案例：

有两家粥铺，店面紧挨着。两家粥铺同时开张时，每天光顾的客人相差不多，都是川流不息，人进人出。然而晚上结账的时候，右边的这家总是比左边的那家多出几十元钱。天天如此。

于是，左边这家粥铺的老板想看个究竟，他先走进自己那家店。新来的服务员微笑地把他迎进去，给他盛好一碗粥。问道："加不加鸡蛋？"他说加。于是她给他加了一个鸡蛋。

每进来一个顾客，服务员都要问一句："加不加鸡蛋？"也有说加的，也有说不加的，大概各占一半。

他又走进右边那家店。

服务员同样微笑着把他迎进去，盛好一碗粥。问道："加一个鸡蛋还是

加两个鸡蛋?”他笑了,说:“加一个。”

再进来一个顾客,服务员又问一句:“加一个鸡蛋,还是加两个鸡蛋?”爱吃鸡蛋的就要求加两个,不爱吃的就要求加一个。也有要求不加的,但是很少。

一天下来,右边这家小店就要比左边那家多卖出很多鸡蛋。

心理学家解释这一现象时说:两家店的营业额之所以有差别,重要的原因就是右边小店的服务员把顾客“锚定”在“加几个鸡蛋”上,而左边小店的服务员则把顾客“锚定”在“要不要加鸡蛋”上。

在前一种情况下,顾客是在“加一个鸡蛋还是加两个鸡蛋”上进行选择或调整,而后一种情况下,顾客是在“加不加鸡蛋”上进行选择或调整。由于人们往往不能调整得很充分,所以两家小店出现了营业额的差别。

心理学启示

心理学家说,“锚定和调整启发式”是人们在作决策和判断时经常采用的一种方法,即先把自己“锚定”在某个事物上,然后再在这个基础上进行调整。它是人们日常判断和决策时经常使用的有效工具,潜移默化地影响着人的心理。

在现实生活中,“锚定和调整启发式”除了在生意场上有所体现之外,在日常生活中也经常见到,只是很多人没有理解这是心理学中的一个小常识。例如,你今天心情很好,想让你的朋友陪你出去玩,你张口就说:“陪我出去玩好吗?”朋友不一定去。但如果说:“出去走走,随你的便,是去喝冷饮,唱卡拉OK,还是逛书店?”他很可能选定他最喜欢的,如“逛书店”而陪你出门。又如,一对未确定关系的情人,如果说“我们相处一段时间,看是否合适”,就不如说“相互关爱吧,我们能走到一起”具有更理想的效果。

欲望为何在心中不断滋生

当生活越简单时，生命反而越丰富，尤其是少了欲望的羁绊，我们越是能够从世俗名利的深渊中脱身。

++

心理学家告诉我们，求知上进、有所追求是一件好事，但让欲望占据了内心，便给人生的悲剧拉开了序幕。对某些人来说，生命是一团欲望，欲望不能满足便痛苦，满足便无聊，人生就在痛苦和无聊之间摇摆。这样的人生无疑是可悲的。

尼采说，人最终喜爱的是自己的欲望，不是自己想要的东西！能够控制欲望而不被其征服的人，无疑是个智者。被欲望控制的人，在失去理智的同时，往往会葬送自己的前程或性命。

一天傍晚，两个非常要好的朋友在林中散步。这时，有位僧人从林中惊慌失措地跑了出来，两人见状，便拉住那个僧人问道："你为什么如此惊慌，到底发生了什么事情？"

僧人忐忑不安地说："我正在移植一棵小树，忽然发现了一坛子黄金。"

两个人感到好笑，说："这僧人真蠢，挖出了黄金还被吓得魂不附体，真是太好笑了。"然后，他们问道："你是在哪里发现的，告诉我们吧，我们不害怕。"

僧人说："还是不要去了，这东西会吃人的。"

两个人异口同声地说："我们不怕，你就告诉我们黄金在哪里吧。"

僧人告诉了他们埋藏黄金的地点，两个人跑进树林，果然在那个地方找到了黄金。好大一坛子黄金！

其中一个人说:“我们要是现在把黄金运回去,不太安全,还是等天黑再往回运吧。这样吧,现在我留在这里看着,你先回去拿点饭菜来,我们在这里吃完饭,等半夜时再把黄金运回去。”

于是,另一个人就回去取饭菜去了。

留下的这个人心想:“要是这些黄金都归我,那该多好呀!等他回来,我就一棒子把他打死,那么,这些黄金不就都归我了?”

回去的那个人也在想:“我回去先吃饭,然后在他的饭里下些毒药。他一死,黄金不就都归我了吗?”

回去的人提着饭菜刚到树林里,就被另一个人从背后用木棒狠狠地打了一下,当场毙命了。然后,那个人拿起饭菜,狼吞虎咽地吃了起来。没过多久,他的肚子里就像火烧一样的疼,这才知道自己中毒了。临死前,他心里暗想:僧人的话真的应验了,我当初怎么就没有明白呢?

欲望就像是一条锁链,一个牵着一个,永远不能满足。很多人都明白,贪欲会把人带向罪恶的深渊,让人失去理智。它可以使人相互摧残,甚至使最好的朋友都能反目成仇。贪字头上一把刀,人的内心一旦被贪欲所吞蚀,那他必将被其毒害。

人生如同一条河流,有其源头,有其流程,当然也有其终点,而不管流程有多长,有多短,终究都会到达终点,流入海洋。那么在我们活着的时候,有什么欲望是一定非要满足不可的呢?为什么要让欲望肆意滋生呢?

有一位心理学家在课堂上讲过这样一个故事:

有一天,利达法师来到一座寺院当新住持。初来乍到,他绕着寺院四周巡视,发现寺院周围的山坡上到处长着灌木。那些灌木呈原生态生长,树形恣肆而张扬,看上去随心所欲,杂乱无章。

利达法师找来一把修剪园林的剪子,不时去修剪一棵灌木。半年过去了,那棵灌木被修剪成一个半球形状。

僧侣们不知住持意欲何为。问利达法师,他却笑而不答。

这天,寺院来了一个不速之客。来人衣衫光鲜,气宇不凡。利达法师接

待了他。寒暄，让座，奉茶。对方说自己路过此地，汽车抛锚了，司机现在修车，他进寺院来看看。

利达法师陪来客四处参观。行走间，客人向利达法师请教了一个问题："人怎样才能清除自己的欲望？"

利达法师微微一笑，折身进内室拿来那把剪子，对客人说："施主，请随我来！"

他把来客带到寺院外的山坡。客人看到了满山的灌木，也看到了利达法师修剪成型的那棵。

利达法师把剪子交给客人，说道："您只要能经常像我这样反复修剪一棵灌木，您的欲望就会消除。"

客人疑惑地接过剪子，走向一丛灌木，喀嚓喀嚓地剪了起来。

一壶茶的工夫过去了，利达法师问他感觉如何。客人笑笑："感觉身体倒是舒展了许多，可是日常堵塞心头的那些欲望好像并没有放下。"

利达法师颔首说道："刚开始是这样的。经常修剪，就好了。"

来客走的时候，跟利达法师约定他十天后再来。

利达法师不知道，来客是本地享有盛名的娱乐大亨，近来他遇到了以前从未经历过的生意上的难题。

十天后，他又来了，当他已经将那棵灌木修剪成了一只初具规模的鸟的样子时，法师问他，现在是否懂得如何消除欲望。大亨面带愧色地回答，"可能是我太愚钝，眼下每次修剪的时候，能够气定神闲，心无挂碍。可是，从您这里离开，回到我的生活圈子之后，我的所有欲望依然像往常那样冒出来。"

利达法师对大亨说："施主，你知道为什么当初我建议你来修剪灌木吗？我只是希望你每次修剪前，都能发现，原来剪去的部分，又会重新长出来。这就像我们的欲望，你别指望完全消除。我们能做的，就是尽力把它修剪得更美观。放任欲望，它就会像这满坡疯长的灌木，丑恶不堪。但是，经常修剪，就能成为一道悦目的风景。对于名利，只要取之有道，用之有道，利己惠人,它就不应该被看做心灵的枷锁。”

心理学启示

人的欲望就像头发一样,总会向上生长。心理学家分析说,欲望是人痛苦的根源,因为欲望永远不能被满足。我们要做的是尽量将自己的生活简单化,减少对物质的过多依赖,简简单单的生活会让人变得神清气爽。当然,我们不能要求每个人都做到清心寡欲,但至少我们可以在简化自己生活的过程中,减少自己的欲望。我们会明白,即使我们缺少一些东西,生活还是一样过得很好,甚至更快乐。

当生活越简单时,生命反而越丰富,尤其是少了欲望的羁绊,我们越是能够从世俗名利的深渊中脱身,感受到自己内心深处的宽广和明净。因此,每一个人都应懂得修剪自己的欲望。

为什么得不到的总是最好的

人很容易去羡慕别人,看着别人,对自己已经拥有的东西却不在意,也不知道珍惜。

++

人的心理难以捉摸。给予它多少,它都不会满足;即使拥有了很多,也会更加在意那些没有得到的、不属于自己的东西。羡慕别人拥有的,感伤自己没有的,你在艳羡别人的时候,别人也正艳羡着你。

从积极心理学的角度来说,不满足并不是坏事——如果它能够成为你

进取的动力的话。但千万不要去盲目地羡慕别人而落入忧郁的陷阱之中。别人手里的糖未必比你的甜，真正的滋味只有他们自己最清楚。

从前，有一个年轻人，他要到另一个村庄去办事，途中要经过一座大山。出发之前，家人嘱咐他：如果遇到野兽千万不要惊慌，只要爬到树上，野兽就奈何不了你了。

年轻人走到中途时，野兽果然出现了，一只猛虎飞奔而来，他连忙爬到树上。

老虎围着树干咆哮不已，拼命往上跳。年轻人本想抱紧树干，却因为惊慌过度，一不小心从树上跌了下来，刚好跌在猛虎背上。而老虎也受了惊吓，立即拔腿狂奔，他只得抱住虎身不放。

另外一个路人不知事情的缘由，看到这一场景，十分羡慕，赞叹不已："这个人骑着老虎多威风啊！简直就像神仙一般快活。"

骑在虎背上的年轻人真是苦不堪言："你看我威风快活，却不知我是骑虎难下，心里怕得要死！"

每个人的境遇不同，感受也截然不同。当你在心里对别人羡慕不已的时候，他的荣誉、幸福、成功等也许并没有你羡慕的那么好。正所谓，酸甜苦辣只有自己知道。

人似乎有一种非常奇怪的心理，总认为得不到的东西是最好的，别人嘴里的糖都比自己的甜！

这种心理现象在现实生活中极为常见。

有一天，一对夫妇在逛百货公司，刚好遇上名牌女装特价促销，一群女士挤在一个摊位上选衣服。

太太拿着衣服在身上左比右比，还是下不了决心。"喂！你看这件好不好？"太太希望能从先生那里得到答案。

这时，她一抬头，见到对面有位小姐，手里拿的那件上衣的颜色要比自己手上的好看，款式也新颖一点。

"放下，快点放下……"太太眯起眼睛盯着那件衣服，心里开始默念。

说也奇怪,她的默念果真奏效,念着念着,那位小姐竟然就真的放下了。她马上伸手抓过那件衣服。

"今天运气可真好!"太太付了钱笑嘻嘻地对丈夫说,"这件衣服差点儿就被那位小姐给抢去了。"

先生扬了扬眉毛笑道:"是啊!我想那位小姐心里想的和你一样,她现在正开心地抓着你原先拿的那一件呢!"

心理学启示

萧伯纳曾说:你可知道,人类总是高估自己所没有的东西的价值。人很容易去羡慕别人,对自己已拥有的东西却不在意。许多事情也总是在经历过以后才会懂得珍惜。一如感情,痛过了,才会懂得如何保护自己;傻过了,才会懂得适时坚持与放弃,在得到与失去中我们慢慢地认识自己。其实,生活并不需要这些无谓的执著,没有什么真的不能割舍。

人的欲望心理总是使得他们念念不忘得不到的东西,于是便认定它才是最珍贵的。由于得不到,所以无限憧憬,穷其一生去追求。哪怕像飞蛾扑火,哪怕像空中楼阁,哪怕像懒汉仰头等待天上掉馅饼,哪怕像沙漠行者奔跑着扑向海市蜃楼。得不到它,你会怅然若失,会绝望,会撕心裂肺的痛。这种感觉会深刻地留在心里,挥之不去,时时困扰着你,影响你的生活。

为什么对未到来的事情过分忧虑

心理学家告诉人们,很多恐惧感和担忧都是多余的,当事情未发生或未到来的时候,你的很多想法都是杞人忧天,不如让自己活在当下,活出每一刻的精彩。

++

有一位百万富翁，他拥有一家世界顶级的豪华酒店。每天上午11点，这位富翁都会坐在一辆耀眼的汽车里穿过纽约市的中心公园。

在穿过中心公园的时候，这位百万富翁发现了一件有趣的事：每天上午都有一位衣衫褴褛的人坐在公园的凳子上，死死盯着他开的那家酒店。百万富翁对这个人产生了极大的兴趣，有一天，他终于按捺不住自己的好奇心，让司机停下车，走到那个穷人的面前说："请原谅，我不明白你为什么每天上午都盯着我的酒店看。"

"先生，"那个穷人认真地说，"我没有钱、没有家、没有住宅，只得睡在这条长凳上，不过，每天晚上我都梦到住进了那座酒店，所以每天醒来之后我都会注视着那座豪华酒店，我多么希望自己能够真的住在那里啊，哪怕只有一晚！"

百万富翁觉得很有趣，于是就对那个人说："今天晚上我就让你如愿以偿。我为你在酒店订一间最好的房间，并支付一个月的房费。"

几天后，百万富翁路过穷人住的酒店套房，想顺便问一问他是否觉得很满意。然而，他发现那个人早已搬出了酒店，重新回到公园的凳子上了。

百万富翁来到公园，询问穷人为什么要这样做。穷人回答道："一旦我睡在凳子上，我就梦见我睡在那座豪华的酒店，我对它充满了无限遐想；可是一旦我睡在酒店里，我就梦见我又回到了冷冰冰的凳子上，这梦真是可怕极了，以致完全影响了我的睡眠！"

心理学启示

在人的内心深处，对美好事物的追求是一种本性。也正是美好事物的不易获得,使得很多人在获得或者即将获得它的时候,更加忧心忡忡,甚至患得患失,以致生活毫无乐趣可言。

生活中我们怀有美梦是件好事,那些美梦让我们在现实里仍会微笑、着迷,我们为此疯狂,沉醉在一种美妙的感觉当中。然而,当梦想背离现实,我们会因此开始慌张,然后开始不安,最后是猜疑,在前进和后退的踌躇之间失掉曾经拥有的果敢和魄力。战战兢兢的生活开始在美梦掉落的悬崖边生长,恐惧,焦虑,挫败,在阳光背面的生活里我们发现的是日复一日的痴人说梦。

把你的心放空

俗话说:水满则溢,月盈则亏。一个人如果带着自大自满的心理,是无法学到新知识的。只有时时整理自己的思想,放弃那些阻碍自己进步的东西,人才会有所成长。

++

一天,南因先生家里来了一位客人,要向南因请教学问。南因先生抽空接待了他。

宾主落座之后,客人没有听他说话,自己先滔滔不绝地大谈起来。从自己的生活、工作,及至家庭,又谈到自己的事业和研究,一口气说了大半天,南因先生几次想插话都未能成功。

南因先生静静地听着,过了一会儿,他站起身来,走进厨房,端来了茶。他往客人的杯子里倒茶,虽然倒满了但是仍然继续倒,仿佛根本没有看见一样。

一旁高谈阔论的客人一开始觉得十分奇怪,看到南因先生还没有停下,

而水已经开始往外溢了，他终于忍不住了。

“你没看见杯子已经满了吗?”他说，“再也倒不进去啦!”

“这倒是真的，”南因终于停下手，“和这个杯子一样，你已经装满了自己的想法。要是你不给我一只空杯子，我怎么给你讲呢?”

我们若想得到什么，首先就必须先放弃一些什么。只有放弃了，才能有得到的空间，才能有生命的转机。我们要学会权衡什么对自己才是最重要的，然后做出一个取舍，该放手的就要放手，不舍弃也就很难有所收获。

心理学启示

心理学上有一种心态叫做“空杯心态”，讲的就是人一定要把杯子放空，然后才能装入新的东西。人生会面临很多次选择，人们做出选择往往是想要得到一些东西，在做出选择时，我们一定要清楚自己想要的是什么，两利相权取其重，两弊相权取其轻，放弃对你作用小的，得到最有用的，这才是一种大智慧，正所谓“鱼和熊掌不可兼得”。

事实上，很少有人会选择放弃，其实选择便是一种放弃。学会放弃悲伤，就是选择快乐；学会放弃绝望，就是选择希望；学会放弃怯懦，就是选择勇敢；学会放弃惆怅的过去，才会有崭新的明天。

倾听内心的声音

我们的心和我们的身体一样，会疲惫，会伤痛，需要休息。偶尔给心一个休整的空间，整理一下自己的思绪，前方的路会看得更清楚，走得更顺利。

有记者在村上春树的《挪威的森林》出版之后,问了他这样一个问题:“您的成功有何独特的秘诀?”

这位日本著名作家咧着嘴巴笑开了:“其实也没什么独特的秘诀,我只是善于有效地调节自己而已。”

村上春树解释说:“对于每一个人来说,都像是一座两层楼房。一楼有客厅、餐厅,二楼有卧室、书房。通常的情况是,大多数人都喜欢在这两层楼活动。但实际上,人还需要有一个暗室,一个没有灯、一团漆黑的暗室。这个暗室,是人的灵魂所在地……”

最后,村上春树自豪地说:“我经常走进这个暗室里,闭门不出,日子久了,也就有了一篇篇的东西出来。”

村上春树说得非常在理。生命需要留一间暗室,因为人生总会有寂寞的时候。守得住暗室里的寂寞的人,才能看淡尘世上的纷争,倾听内心的声音。

心理学启示

人都有害怕寂寞的心理,特别是身处在繁华的大都市,忙忙碌碌时我们没有过多的时间思考生活和感受寂寞。但夜晚来临,在小小的房间里,只剩下一个人时,寂寞感是否会突然袭来呢?

人心总是趋向于享受和安逸,被热闹和繁华吸引。但有时候,只有一个人沉浸在寂寞的空间里,才能感受到内心的自我。我们在吵闹的世间苦苦打拼,心不易归于平静。心理学家告诫人们,偶尔放松一下,给自己一个暗室,什么都不看,什么都不听,只默默地审视自己的灵魂,你会升华自己的人生境界。

怀念过去但不要逃避现实

过去的美好让人留恋，过去的失败让人悔恨，过去的东西要在心里给它找一个合适的栖息地。

++

很多人都喜欢怀念过去的生活，在回忆的过程中，心理得到了在现实生活中无法感受到的慰藉，因而他们也就愈加沉浸在这种感觉里。还有一些人，他们对过去失败的事情不能释怀，在反复思考中给自己找寻借口，以此掩饰过错，或掩盖自己的无能。久而久之，他们习惯了这种思考模式，以至于在现实生活里找不到真正的自我。

这是一个阳光明媚的午后，在纽约的一家中国餐厅里，科尔在等一个朋友。这时的他沮丧而消沉，由于他在工作中出现了失误，因此没有完成一项非常重要的项目。即使现在在等一位最好的朋友，他也难以像平常一样感到快乐。

过了一会儿，他的朋友终于来了，他是一位心理医生，他的诊所就在附近，当时他刚刚和最后一名病人谈完话。

"怎么了，科尔？"医生直接问道，"什么事让你这么不开心？"对他这种洞察别人心事的本领，科尔早就不意外了，所以他也直截了当地说出了令自己烦恼的事情。听完后，医生说："来吧，到我的诊所去，我们来做个小实验。"

到了诊所后，医生从一个硬纸盒里拿出一卷录音带塞进录音机里，他说："在这卷录音带上，一共有三个来我这里的病人所说的话。你不用知道他们的名字，我要你仔细听他们的话，看看你能不能挑出支配这三个案例的共同因素。我可以提醒你，只有四个字。"

第一个是男人的声音,他说他刚遭受了生意上的损失。第二个是女人的声音,她因为照顾寡母的责任太重,而一直没能结婚,她心酸地诉说她错过了很多结婚的大好机会。第三个是一位母亲,因为她十几岁的儿子和警察起了冲突,为此她一直在责备自己。科尔听起来,这三个声音的共同特点就是不快乐。而且科尔注意到,他们一共六次用到相同的四个字"如果只要"。

他将这一发现告诉了医生。医生微笑了,"你一定感到很惊奇吧。你知道吗,我每天都会听到很多次用这四个字开头的内疚的话。很多时候,他们都在不停地说,直到我让他们停下来。我对他们说,如果只要你们不再说'如果只要',也许你们就能把问题解决掉。"

看科尔好像还是不太明白,医生进一步解释道:"'如果只要'这四个字的问题,在于这四个字不能改变既成的事实,只能使我们朝着错误的方向走去。你依然沉浸在过去所犯的错误中,并没有从这些错误中学到什么,而是一遍一遍地重复过去的灾难,甚至还以此为乐。最后,如果你已经习惯用这四个字,它们就会成为你不再努力的借口。"

在医生的不断开导下,科尔终于意识到,自己还沉浸在过去失败的阴影中,而没有用积极上进的态度去改变现在的处境,这是一种"怀旧症"的体现。一个人适当怀旧是正常的,也是必要的,但是一味沉湎于过去而否认现在和将来,就会陷入病态。

心理学启示

心理学家分析说,人总是容易怀念过去,享受安逸,特别是在他们面对困难的时候,内心的天平会极力朝退缩这一方向倾斜,在反复回首往事的过程中,不自觉地把自己蜷缩起来,期待有个人能在某个时候给自己以勇气,给生活带来改变,而更多的时候,这只是一种奢望。艾森豪威尔说:回顾一

天的时候，感觉不到任何的快乐、满足或者幸福的话，那么这一天绝对是失败的一天。因此，如果你不想成为一个失败者，就要在生活的苦难面前挺起自己的胸膛，做一个快乐的人。

快乐的人永远拥有活在今天的心态，拥有明天会更好的希冀。特别是在苦难面前，他们的这种想法更加强烈。人活着不要总是对现状不满意，更不要因此沉溺在对过去的追忆中。当你不厌其烦地重复述说往事时，你可能已经忽略了今天正在经历的体验。

心理平衡每一刻

自己是最好的坐标，盲目地与他人比较，只会影响你的心理平衡。

人在拥有荣辱感、自尊心之后，比较心理也随之越来越强。当强于自己、富于自己的人出现时，有些人心生自卑，甚至觉得自己楚楚可怜。而有一部分人则心怀嫉妒，甚至憎恨，他们在背地里痛斥那些富人的金钱来路不明，极力诽谤他们，以求慰藉自己卑微的心。当他们看到某些人日子过得艰苦，或者在奋斗的过程中栽跟头的时候，他们不禁心花怒放，仿佛自己受到了嘉奖或取得了较大的成就，他们开始“自信”起来，觉得自己的生活原来也过得非常不错。

心理学家分析这一心理现象时说，每个人难免都会受到比较心理的影响，在短时间内产生心理和情绪上的波动。但如果这一心理长期频繁地出现，或者它的后续影响持久存在的话，就有演变为心理疾病的可能。心理学家举了这样一个故事作为例子：

兔子的胆小是出了名的，经常受到的惊吓总是像石头一样压在它们的心上。

有一次，众多兔子聚集在一起，为自己的胆小无能而难过，悲叹自己的生活中充满了危险和恐惧。

它们越谈越伤心，就好像已经有许多不幸发生在自己身上。到了这种地步，负面的想象便无止境地涌现出来。它们怨叹自己天生不幸，既没有力气，又没有翅膀，日子只能在东怕西怕中度过，就连想要抛弃一切大睡一觉，也有什么都听得见的长耳朵的阻挠。

它们觉得自己的这种生活是毫无意义的，这又成了它们自我厌恶的根源。它们都觉得，与其一生心惊胆战，还不如一死了之的好。

于是，它们一致决定从山崖上跳下去了结自己的生命，结束一切烦恼。它们一齐奔向山崖，想要自尽。这时，一些青蛙正围着湖边蹲着，听到急促的脚步声，如临大敌，立刻跳到深水里逃命去了。

这是兔子每次到池塘边都会看到的情景，但是今天，有一只兔子突然明白了什么，它大声地说："快停下来，我们不必吓得去寻死觅活了，因为我们现在可以看见，还有比我们更胆小的动物呢！"

这么一说，兔子们的心情奇妙地豁然开朗起来了，好像有一股勇气喷涌而出，于是它们欢天喜地回家去了。

心理学启示

在现实生活中，我们可能会听到很多的抱怨，比如别人穿得比自己漂亮，吃得比自己讲究，住得比自己舒适之类的。还有乡村的羡慕城市的，钱少的羡慕钱多的，位低的羡慕位高的，权轻的羡慕权重的……在生活中，真正做到心如止水并不容易。对别人拥有羡慕之心，能够激发你奋斗的志向和勇气，然而，如果你把这种羡慕变为嫉妒和憎恶，反而会影响你心理的平衡。

心理学家告诫这些比较心理严重的人：自己是最好的坐标，不必在乎他人的财富胜我多少、才气高我几许、成功强我几分。因为人与人不仅有差别，而且甚至是天壤之别。能够明白“人比人，气死人”，就会洒脱许多，开心许多，轻松许多。殊不知，比上不足，比下有余。我无鞋，我痛苦，我却发现无腿的人更痛苦。生活中总有比你更加不幸的人，这并不是让你去为别人的不幸而幸灾乐祸，而是让我们充分认识人生的多变，从而乐观处世。

人为什么总爱钻牛角尖

钻牛角尖的人在一开始就犯了错误，选错了方向，却被自己所认定的信念、道路、目标等蒙上了双眼。

++

人的思想和心理使其与众不同，也正是由于它们的发散、扩展，让社会一步步地向前发展。思想和心理因为无形，也就很容易迷失方向，甚至让人一条路走到黑，最终却发现那是一条死胡同。于是很多人钻进牛角尖，无法自拔，固执的想法牢牢将他们套住，一个没有出路和生路的信念让他们与成功绝缘。

通常来说，钻牛角尖是一种贬义的说法。用于形容遇事思维僵化、固执，自己跟自己闹别扭，放不开，放不下，从不考虑事情的各个方面及事物的多样性，只认定一个想法，一条道走到黑，最终逼得自己山穷水尽、无法自拔。

以“钻牛角尖”这个词来形容这种心理确实很形象，越是钻到牛角的尖上，空间就越小，就越是难以找到出路。再看看斗牛，激怒的公牛眼里只有那块挑衅的红布，发着牛脾气，执拗地一次又一次冲击，最终只能死在斗牛士的剑下。

心理学家用渔民捕捉章鱼的方法来解释钻牛角尖的害处:

浩瀚的海洋里生活着各种千奇百怪的鱼类,每一种都有自己的生活习性,而各自的生活习性又往往决定了它们在海洋中的生存状态。章鱼就有一种怪癖,一只成年章鱼的体重可以达到70磅(1磅=0.4536公斤),然而它们的身体却非常柔软,柔软到几乎可以将自己塞进任何想去的地方。

章鱼没有脊椎,这使它可以穿过一个银币大小的洞。它们最喜欢做的事情,就是将自己的身体塞进海螺壳里躲起来,等到鱼虾走近,就咬断它们的头部,注入毒液,使其麻痹而死,然后美餐一顿。对于海洋中的其他生物来说,章鱼可以被称得上是最可怕的动物之一。

然而也正是它的这一特点,使它成为渔民的猎物。渔民们掌握了章鱼的天性,他们将小瓶子用绳子串在一起沉入海底。章鱼一看见小瓶子,都争先恐后地往里钻,不论瓶子有多么小、多么窄。结果可想而知,这些在海洋里无往不胜的章鱼,成了瓶子里的囚徒,变成人类餐桌上的美味。

囚禁章鱼的是那个瓶子吗?那只是表象,瓶子放在海里,不会张口,不会移动,更不会去主动捕捉。真正囚禁了章鱼的是它们自己。它们向着最狭窄的路越走越远,不管那是一条多么黑暗的路,即使那条路是死胡同。

人们有时候也如同这些自以为是的章鱼,当他们遇到苦恼、烦闷、失意、诱惑的瓶子时,自己拼命往里钻,最终将自己囚禁起来,无力挣脱。

要解决这个问题,关键是你要放松自己的心理,学会换位思考,同时也要开阔自己的思维,全面分析问题,不要总是看同样一个角度,多看看别的角度。

如你远远地看见一个你认识的朋友走下山坡,你马上向他挥挥手,可是他却没有对你作出任何回应,也没有向你招手,当你是透明的,你心里就觉得这个人看不起你,这个人很骄傲,这个人没有礼貌,等等。然后,你就会钻牛角尖,你会去想很多人讨厌你,很多人看不起你,很多人不喜欢跟你做朋友,等等,这种想法很正常,很多人遇到这种情况都会这样想,都会用自己的

角度去看问题。试下用另外一个角度去想这个问题，用你朋友的角度去想，你就不会钻牛角尖了。你可能会发现原来你的朋友走下山坡的时候，太阳正照着他的脸，他感觉到很刺眼，根本没有看到你，另外一个可能就是他很烦恼，很苦恼，有一些他解决不了的问题，他满脑子就是想问题，想着他的烦恼，什么事情都好像看不到似的。还有一个可能就是你站在人堆里，他看不见你一点也不出奇。

显然，如果一个人能够从不同的角度去分析一个问题或者事情，就不会钻牛角尖了。

心理学启示

卡罗琳曾说，你越是为了解决问题而拼斗，你就越变得急躁，在错误的思路中陷得越深，就越难摆脱痛苦。固执本是一个中性词，但在人们的观念里，其更多表现为顽固的意思。固执的想法会让人钻牛角尖的心理越发严重，最终找不到回头的方向，贻误一生的发展。

心理学家说，很多时候，我们在坚定自己信念的道路上，在一开始就犯了错误，选错了方向，但却被自己所认定的信念、道路、目标等蒙上了双眼，自以为是地朝着理想固执地前进，结果却钻进了痛苦的牛角尖。有时候信念会像眼罩，使我们忽略了无法支持我们信念的事情，只注意到与我们生活切合的事。例如，如果你是女性，你认为好女人要相夫教子，不应蛮力工作，你的本性中就有部分可能是做个贤妻良母，忽视工作的重要性。你越是坚持对自己本性的信念，越是会拒绝任何否定或挑战你个人信念的事，这种极端的想法也会让你钻牛角尖的心理更加严重。

适合你的心理保健方法

向人倾诉可以在一定程度上缓解自己的压力,倾诉是极佳的心理保健的手段和方法。

++

一天,在一堂心理课上,老师讲了这样一个真实的故事。

夜深人静,一个陌生女子的电话打来说"我恨透我的丈夫了"。"您打错了",接电话的人告诉她。她好像没有听见,继续滔滔不绝地说:"我一天到晚照顾小孩,他还以为我在享清福。有时我想出去散散心他都不肯,他自己倒是天天晚上出去,说是有应酬,谁相信……""对不起,"接电话的人打断了她的话说:"我不认识你。""你当然不认识我,"她说,"这些话我能对亲戚朋友讲吗?搞得满城风雨吗?现在我说出来,舒服多了。谢谢你了。"她挂上了电话。

不要以为这个妇人犯精神病,其实她倒是挺清醒的。她为了不使家丑外扬,但又要把心中的苦闷和怨恨发泄出来,在苦于找不到理想的人时,才迫不得已采取了这种近似荒唐的倾诉方式,否则她可能因此而病倒。她这种做法虽不妥当,但却取得了很好的效果。倾诉是一种廉价、实效的心理疾病的预防方法,即用自我倾诉排除内心的忧郁。

众所周知,忧郁是人类健康的大敌。在我国古医书《黄帝内经》中有"思伤脾"、"忧伤神"、"恐伤骨"及"悲哀愁忧则心动,心动则五脏六腑皆摇"的记载。祖国医学还指出:精神刺激引起的抑郁不舒可致"肝气郁结",内分泌紊乱如月经失调等;重则可以导致精神失常,发生高血压以及其他的心血管疾病。此时会大大降低人体的免疫力,使人易患癌症如乳腺癌、肝癌等。而

放声自言自语地倾诉，正是这一系列疾病良好的预防方法。

英国权威心理医学家柯利切尔就极力推崇这种自我倾诉内心苦闷和忧郁的方法。他指出：这种心理上的应激反应是防治内科各种疾病，尤其是心血管病和肿瘤的良药。他着重从心理治疗的角度出发，对此进行了合理的解释。他认为积贮的烦闷、忧郁就像一种势能，若不释放出来，就会像感情上的定时炸弹一样，埋伏在心中，一旦触发即可酿成大祸。但若能及时地用倾诉或自我倾诉的办法取得内心的感情和外界刺激的平衡，则可以祛灾免病，这和美国医学家提出的感情应力学说是不谋而合的。这种学说认为，人的各种感情，一定要通过心理上的应激反应以及各种不同的方式表现出来，倘若不能正常表现，则将有损健康，甚至会引发疾病。

曾有一位老人，20 岁守寡，含辛茹苦地将儿子抚养成人，然而老人将满 80 岁患了高血压时，儿子却突遇车祸死亡。老人惊闻不幸，并未号啕大哭，反而沉静地安慰过度悲伤的儿媳。在儿子的遗体旁，老人只说了一句催人泪下的话："孩子，明天你就要满 60 岁了。"人们都为老人过分地节哀而担心，甚至背地里为她也准备了后事。然而时光流逝，一晃又是 3 年，老人却始终十分健康，奥妙何在？原来老人在儿媳、孙子、邻居上班后，常常关门闭户，独自在儿子的遗像前，或放声地自言自语，或低声地呜咽，尽情倾诉衷肠与思念。

心理学启示

"人有悲欢离合，月有阴晴圆缺，此事古难全。"如何对待人生的不测风云，旦夕祸福？答案是畅所欲言，理智地倾诉。当你遇到烦恼和不顺心的事时，切不可以忧郁压抑，把心事深埋在心里，而应该将这些烦恼向你信任的人倾诉，你的亲人、你的朋友、你的长辈……倾听者应该热情、诚恳、体贴、耐心地进行循循善诱的劝导，绝不应该嘲讽，或是简单地拒之门外。如果遇不到合适的倾诉对象,那么在不影响他人的情况下放声地进行自我倾诉,也是很有益处的。不过,千万不能以发怒的方式来发泄心中的积怨,因为愤怒起于愚鲁而终于悔恨,丧失理智,只能适得其反。

心理学家说,现实生活中的人都希望自己生活得开心快乐。但是随着社会压力越来越大,患心理疾病的人也越来越多,很多人都处在一种亚健康状态。从心理学的角度来讲,向人倾诉可以在一定程度上缓解自己的压力,倾诉是极佳的心理保健的手段和方法,对身心健康来说是十分有必要的。

你是否把健康看得很重要

心理学家提醒人们,心理健康不可忽视,健康的心理会给身体健康这项大工程添砖加瓦,身体的健康又会带来心情的愉悦。

++

人的心理有这样一个特点:当事情没有到来时,总不愿意主动为它做些什么。因为那么做看起来不值得或是在浪费时间。也正是由于这种心理在作怪,使得很多年轻人没有未雨绸缪的观念,对于自身的健康,也是这个态度。

毛泽东说过:身体是革命的本钱。有健康才有将来。健康,赋予生命无穷活力,创造生活无限精彩。给了将来无穷的梦想,创造现实无数的神话。

一个人最大的财富就是他的健康和精力,这是用多少钱都买不来的。

从前,有一个贫穷的年轻人,他没有考虑过如何改变自己现有的生活,而是经常抱怨自己时运不济,没有机会发财,使得自己终日受穷。他为此终日愁眉不展,并且常常叹息:“如果我能够拥有一大笔财富,那该多好啊!”

有一天,年轻人又在唉声叹气,这时,过来一个须发皆白的老人,他见年轻人不高兴,便问道:“年轻人,你有什么事情吗?怎么不高兴呢?”

“老天对我不公平，别人都有很多钱，生活富足快乐，可我却始终这么贫穷。”年轻人将心中的想法讲了出来。

“你很穷？”老人感到很惊奇，有些不相信年轻人的话，但又由衷地说：“我看你很富有嘛！”

“我没有钱、没有工作、没有穿的和用的，这怎么能叫富有呢？”年轻人问道。

老人没有正面回答，而是反问道：“年轻人，我用1000元买你的手指头，你同意吗？”

“那可不行！没有手指头，我就没办法拿东西了！”

“那我给你10000元，买你的一只手，你同意吗？”老人又问。

“不行，我不想当残疾人！”年轻人再次拒绝了。

“我给你100万元，买你的青春，让你马上变成80岁的老人，你同意吗？”老人继续问道。

“不行，我怎么能出卖自己的年龄！”年轻人回答。

“那我给你1000万元，让你马上死掉，可以吗？”

“不可以，那怎么能行呢？那样的话，我还要钱做什么？”年轻人蹦了起来。

听了年轻人的回答，老人笑呵呵地问道：“既然你已经有了超过1000万元的财富，为什么还要哀叹自己贫穷呢？”

老人的话让年轻人呆立当场、无言以对，他心中想：对呀！我已经这么有钱了，还有什么可叹息的呢？

健康不以财富和地位的不同而有所变化，不管你有多大的成就，有多少财富，如果你不遵循健康规律，健康都会离你而去。

有的年轻人只知道工作，并不注意休息，更别提健康投资了。但在生病期间，发现苦心经营的业务拓展受到很大影响，失去了不少赚钱的商机，往往后悔不已。

有一个人，头脑聪明，敢于吃苦，经过几年的打拼，他拥有了自己的公

司,并且很快就发展壮大起来。身为公司董事长的他成了亿万富翁,资产达到2亿元,而且他的年龄还未到40岁。正当他的事业一帆风顺的时候,却因病住进了医院。

原来,在创业的时候,他曾经没日没夜地工作,这种对自己身体的极度透支,为日后埋下了健康的隐患。经过专家会诊,他必须动大手术,但是手术效果如何,院方也不敢保证。他们所敢保证的是,如果不做手术,他只有半年的时间可活。当这个富翁声称愿意用自己所有的财富来换取健康的时候,已经晚了,因为健康是无价的,也是到任何地方都无法换取的!

身体的健康影响着一个人的精神状态。毛泽东在中学时代就坚持洗冷水澡,跋山涉水更是不在话下,这铸就了他强健的体魄,也为他在今后漫长的革命岁月中能始终保持高昂的斗志和必胜的信心打下了坚实的基础。

心理专家说,心理健康出了问题比身体疾病更可怕,然而心理健康又时常被我们所忽略。

众所周知,平和的心态有助于心理健康,它包括:不卑不亢、戒骄戒躁、不嫉妒等。更重要的是你要学会倾诉,大多数人都有发泄的渴望,这时候一个好的听客就是你最好的选择。

美国内战时期,林肯总统曾写信给他的一位乡下的老邻居,请他到华盛顿来,说有些问题要和他讨论。这位老邻居到了白宫后,林肯同他谈了关于宣布解放黑奴是否适当的问题。几个小时后,林肯与他的老朋友握手道别,竟然没有征询他的任何意见。“谈话之后他似乎稍感安适”,那位老朋友说。林肯并没有要建议,他只是要一位友善的、同情的倾听者,让他发泄心中的苦闷。

心理学启示

健康是自然给予我们最公平、最珍贵的礼物,良好的健康状况和随之而

来的愉快情绪是人生幸福的最好保障。失去了健康，你所拥有的一切都不过是水中月、镜中花，终会随风而逝！

心理学家提醒人们，心理健康不可忽视，健康的心理会给身体健康这项大工程添砖加瓦，身体的健康又会带来心情的愉悦。心理疲劳是不知不觉潜伏在人们身边的，它不会一朝一夕就置人于死地，而是到了一定的时间，达到一定的“疲劳量”，才会引发疾病，因此往往容易被人们忽视。由心理疲劳引发的心理疾病，不但会使自己的工作和生活因为心理状态不佳而受影响，严重时还会危害到身边的人。

第二辑

了解心理暗示，隐藏的力量在你心中

心理暗示，是指人接受外界或他人的愿望、观念、情绪、判断、态度影响的心理特点。它是人们日常生活中最常见的心理现象。心理暗示有消极作用，也有积极作用，它的发生和出现多在潜移默化中完成。心理学家巴甫洛夫认为：暗示是人类最简单、最典型的条件反射。从心理机制上讲，它是一种被主观意愿肯定的假设，不一定有根据，但由于主观上已肯定了它的存在，心理上便竭力趋向于这项内容。心理专家提醒人们，要学会利用积极的心理暗示，排除消极的心理暗示，从而让自己活得更健康、更积极。

心理暗示的作用

每个人的行为都是由思想而来，每个人的命运完全决定于他的心理状态。

++

在一节心理学课上，一位教授讲述了这样一个故事：

利达是个患有哮喘病的小孩，在一个风雨交加的晚上，他由于病情突然发作而从床上惊起，他甚至觉得自己快要窒息而死了。于是他冲向门口，打开大门拼命深呼吸。新鲜的空气让他感觉舒服了很多，很快就不喘了。他回到床上，沉沉地睡着了。第二天早上，他醒来的时候发现，昨晚他打开的不是房间的门，而是衣柜的门。

这看似匪夷所思、不可思议的结果，其实就是人的心理暗示所起的作用。原本并没有呼吸到新鲜的空气，也许衣柜里的空气还会有特别的味道，但打开门的动作，利达造成了一个潜在的心理暗示——新鲜空气随着门的打开被自己呼吸到了。心理学家分析，利达这种因为受到了周围环境或自我的暗示，不知不觉就产生了与之相应的情绪与行为，这是心理暗示的一种主要表现。

在电影或电视里，我们看到某些人会使用神奇的催眠术，他们说几句话，做几个轻微的动作，就能让人陷入沉睡的状态之中。其实，神秘的催眠术就是心理暗示的一种方法。但并不是所有的人都能被催眠。一般而言，容易受到他人心理暗示的人更容易被催眠，而那些自我意志力强大的人则恰恰相反。

心理暗示作用于人，常常是一种思想意识活动的表现。思想作用于人的最基本的原则是:你想得越多的事,对你的吸引力越大,最后落入自己织好的圈套里难以自拔。爱默生曾说过:“一个人就是他整天所想的那些。”你有怎样的想法,最终造就你成为怎样的一个人。在生活中你会发现,那些经常说“我不想生病”的人,可能会面临一场格外艰苦的奋斗,总想着“我不要过寂寞的生活”、“我不想破产”、“希望这次事情不至于搞砸”的人,往往就会落入他们一心想避免的困境。心理学家解释这种现象时说,其实这就是心理暗示。即使你想的是不希望这件事成为事实,你还是会朝着它走去。这是因为心只能被诱导去做某事,却不能接受诱导不去做某事。

如今我们认识到,心理暗示具有积极和消极两种作用。具有自信和主动意识的人,会长期进行积极的自我暗示,而具有自卑和被动意识的人,却总是使用消极的自我暗示。经常进行积极暗示的人,会把每一个难题看成机会和希望;经常进行消极暗示的人,却将每一个希望和机会看做难题。

心理学家分析说,每个人的行为都是由思想而来,每个人的命运完全决定于他的心理状态。如果你的内心装着喜悦,你会成为一个乐观的人;如果你一整天都想着悲伤的事情,你的情绪就会更加低落;如果你有不好的念头,你恐怕就会不安心了;如果你沉浸在自怜里,大家都会有意躲开你。

心理学启示

心理暗示常常会使自己或别人无意识地按照一定的方式表现出相应的行为。它具有强大的内在力量,强大到可以左右一个人的命运,影响一个人的生活。如果你被它左右,结果就像是被命运主宰了,如果你能够掌控它,那么我们就主宰了命运。

艾蜜莉·顾埃曾说,你若说服自己,告诉自己可以办到某件事,假使这事是可能的,你便办得到,不论它有多艰难。相反,你若认为连最简单的事也无能为力,你就不可能办得到,而一个小土坡对你而言,也会变成不可攀

登的高山。信心与意志是一种心理状态，是一种可以用自我暗示诱导和修炼出来的、积极的心理状态。所以，现在赶快从你消极的心理暗示中逃脱出来吧，不要在那里杞人忧天或者自怨自艾了，如果你真的不想成为一个不幸的人，就勇敢地走出来，然后告诉自己：没问题，我可以！我们经常说心态决定命运，正是以心理暗示决定行为这个事实为依据的。

每个人都会受到心理暗示的影响

心理暗示是人接受外界或他人或自身的愿望、观念、情绪、判断、态度影响的心理特点，是人们日常生活中，最常见的心理现象。

++

在现实生活中，有一些人的情绪波动较为明显，他们总是在一会儿高兴，一会儿烦躁的情绪交替中生活。思考一下，你是否发现过这样的现象：休假时，快快乐乐到超市买东西，回到家一清点，发现有一些是可有可无的，连自己都不知道为何会买这些东西；我们本来对某个人没有什么印象，等过了一段时间后却觉得他面目可憎；早晨到了办公室，本来精力充沛，心情愉快，过了一会儿却变得烦得要命。

这种莫名其妙发生的变化，从心理学角度来看，一点也不奇怪。因为你受到了周围环境的暗示，不知不觉就产生了与之相应的行为与心情。

《新鲜空气》是英国作家索利恩创作的心理学小说，其中有这样一个故事：

主人公威尔逊喜欢新鲜空气的程度，无人能及。一年冬天，他到芬兰的一家高级旅馆住宿。那年冬天奇冷，因而窗子都关得严严实实的，以防寒流袭击。尽管房间里舒服无比，但威尔逊一想到新鲜的空气一丝都透不进来时,他就非常苦恼,辗转难眠。到了最后,他实在无法忍受,便捡起一只皮鞋向一块玻璃样的东西砸去,听到了玻璃碎裂的声音后,他才安然进入梦乡。

第二天醒来,展现在他眼前的是完好如初的窗子和墙上玻璃破碎后的镜框。他并没有打碎窗子上的玻璃让新鲜的空气进来,但那声打碎玻璃的声音和心理暗示的作用,使得威尔逊得以酣然入睡。

心理学家分析说,心理暗示是人接受外界或他人或自身的愿望、观念、情绪、判断、态度影响的心理特点,是人们日常生活中,最常见的心理现象。心理暗示是人或环境以非常自然的方式向个体发出信息,个体无意中接受这种信息,从而做出相应反应的一种心理现象。

心理暗示在本质上,是人的情感和观念会不同程度地受到别人下意识的影响。人们会不自觉地接受自己喜欢、钦佩、信任和崇拜的人的影响和暗示。其心理机制是外界影响不知不觉中渗入到个体的内心,在潜意识层面形成一种心理倾向,可转化为心理能量支配个人的行为或心理。

“望梅止渴”的故事广为流传,其中的寓意,也表现了心理暗示的作用。

三国时期,曹操率领部队去讨伐张绣。时值七八月间,骄阳似火,万里无云,士兵们口渴难忍,行军速度明显变慢,有几个体弱的士兵竟然体力不支晕倒在路旁。曹操见状,非常着急,心想如果再这样下去,士兵们根本不能如期到达目的地,战斗力也会大大削弱。于是他叫来向导,询问附近可有水源。向导说最近的水源在山谷的另一边,还有不短的路程。曹操沉思一阵之后,一夹马肚子,快速赶到队伍前面,然后很高兴地转过马头对士兵说:“诸位将士,前边有一大片梅林,那里的梅子红红的,肯定很好吃,我们加快脚步,过了这个山丘就到梅林了!”士兵们一听,不禁口舌生津,精神大振,步伐加快了许多。

曹操原本只想鼓励士兵,给他们打气,让他们提起精神来,从而振奋士气,快速行军。这位历史上出色的军事家和政治家,有意无意间利用了心理暗示的作用。当时士兵心中想着酸酸的梅子,在心理暗示的作用下,口里的唾液分泌充分,在一定程度上减轻了口渴的状况。同时,为了尽快赶到梅

林，这种愿望也促使积极情绪的产生，从而调动自己的行动力。

心理学启示

每个人都会受到心理暗示的影响。很多时候，别人的一句话，一个眼神，一个动作；自己的一个想法，一个问题，一种态度都会对自己的心理造成影响，最终表现为一种积极或消极的心理暗示。例如老师对孩子的积极期待，领导对下属的适当赞扬，都可以像曹操对士兵所描述的“一大片梅林”一样，让被暗示的对象精神为之大振，信心膨胀。

俄国心理学家巴甫洛夫认为：暗示是人类最简单、最典型的条件反射。它总是被人们有意无意地广泛应用。对于普通人来说，自我的心理暗示多表现在潜意识的活动里，通常表现为心态的变化和作用。拥有积极的心态，往往会给出积极的暗示，使自己或他人得到战胜困难、不断进取的力量；反之，消极心态，则会使自己或他人受到消极暗示的影响，变得冷淡、泄气、退缩、萎靡不振等。俗话“良言一句三冬暖，恶语伤人六月寒”，说的就是这个道理。

流言的心理暗示作用

流言像杨花一样飞着，我伸出手掌，抓住了其中一片，感到它没有丝毫分量，但是在街上，它迷乱了那么多人的眼。

++

人们常说流言可畏。流言往往能够使一个人功败垂成，甚至危及生命。心理学家分析说，流言是指在人们之间相互传播的有关某种社会现实问题的不确切消息。传播的方式一般是口头的、非正式的、非官方的。在现实生活中,优秀者难免受大部分平庸者的打击和排挤,而流言正是平庸者惯用的招式之一。流言给大众带来的心理暗示作用,会改变他们对流言受害者的印象,从而进一步作出相应的行为反应。

《战国策·秦策二》记载:“费人胡与曾子同名者杀人,人告曾子母曰:‘曾参与杀人。’曾子之母曰:‘吾子不杀人。’织自苦。须臾,人又曰:‘曾参杀人。’其母尚自若。顷之,一人又告之曰:‘曾参杀人。’其母惧,投杼逾墙而走。”

曾参是古代有名的贤人,他十分重品德修养,每天都要三番五次地反省自己。其母对他十分了解,相信自己儿子不会干出杀人之事,但经不起众口一词再三告以“曾参杀人”,便再也坐不住,放下织布的梭子翻墙逃走了。后以“曾参杀人”一词喻流言可畏。

俗话说,谁人背后不说人。在社会上行走,难免被别人说三道四。特别是那些优秀者,或是处于风口浪尖、容易招人嫉妒、怨恨的人,有关他们的闲话和流言自然会比普通人多。这些流言常常以讹传讹,流传不断。有些人出于某种目的,蓄意编造谣言,一经传播,便会成为一种精神上的“传染”,一传十,十传百,若有人从中推波助澜,则会影响更多的人。俗话说,谎言重复一千遍就会变成真理,流言的心理暗示效应,会使那些不知事实真相的人,对一件事作出错误的判读,对一个人给予偏激的评价,或许会随着留言的广泛传播,也在心理暗示的作用下,对其产生厌恶的情绪等。

心理学启示

一位心理学家曾用一首小诗这样阐释流言:“流言像杨花一样飞着,我伸出手掌,抓住了其中一片,感到它没有丝毫分量,但是在街上,它迷乱了那么多人的眼。”流言所带来的心理暗示的消极影响,很容易扩散开来,从而对

一个人造成不可估量的伤害。

面对流言带来的消极的心理暗示，心理专家告诫人们要清楚判断、客观评价。如果你是流言的受害者，你应该做好如下几点：

1. 保持镇定。切忌在流言面前暴跳如雷，大吵大闹。在流言面前保持微笑、冷静对待，要比捶胸顿足、泪如雨下好得多。

2. 寻求支持。单枪匹马笑对流言，虽说显示了为人坦荡的一面，但毕竟会让自己陷入孤立无援的境地。

3. 反省自身。流言的出现是否真是因为自身存在问题？在哪方面做得不妥？如真的是自己哪方面处事不公，不妨当面认错并改正，求得谅解与支持。

4. 攻其破绽。扎紧了自己的篱笆后，接下来就可以主动出击，驱赶流言。流言最怕真理和阳光，摆出事实和真相，敞开大门说话，就会给流言以致命一击。

积极的心理暗示作用

积极的暗示是以开放的、积极的态度看待环境、他人或自我，给他人或自我以积极的鼓励和信念。

++

心理暗示是一种潜意识的表现，每个人都不可能逃避它对自己的影响。受暗示性是人的心理特性，它是人在漫长的进化过程中形成的一种无意识的自我保护能力。当人处于陌生、危险的境地时，人会根据以往形成的经验，捕捉环境中的蛛丝马迹，来迅速作出判断。

在你平时的生活中，也许会有这样的感觉。周末时，本来约好和朋友出去玩,可是早晨起来往窗外一看,下雨了。这时候,你怎么想?你也许想:糟糕!下雨天,哪儿也去不成了,闷在家里真没劲……如果你想:下雨了,也好,今天在家里好好读读书,听听音乐。这两种不同的心理暗示,就会给你带来两种不同的情绪和行为。

我们多数人的生活境遇,既不是一无所有,一切糟糕;也不是什么都好,事事如意。这种一般的境遇相当于"半杯咖啡"。你面对这半杯咖啡,心理产生什么念头呢?消极的自我暗示是为少了半杯而不高兴,情绪消沉;而积极的自我暗示是庆幸自己已经获得了半杯咖啡,那就好好享用,因而情绪振作,行动积极。

由此可见,积极的心理暗示不仅可以使你获得好的心情,而且也能让你更加精神饱满地去干事情。这种连带的积极反应,会促使你像芝麻开花节节高一样,提升内在的驱动力。

积极的自我暗示对人的心理作用很大,有时甚至会创造奇迹。苏联一位天才的演员毕甫佐夫,平时总是口吃,但是他演出时就能克服这个缺陷。他所用的办法就是利用积极的自我暗示,暗示自己在舞台上讲话和做动作的不是他,而完全是另一个人——剧中的角色,这个人是不口吃的。

霍特是美国著名的心理学家,他在阐述心理暗示的作用时,曾举了这样一个例子:有一天,友人弗雷德感到意气消沉。他通常应付情绪低落的办法是避不见人,直到这种心情消散为止。但这天他要和上司举行重要会议,所以决定装出一副快乐的表情。他在会议上笑容可掬,谈笑风生,装成心情愉快而又和蔼可亲的样子。令他惊奇的是,不久他发现自己果真不再抑郁不振了。弗雷德并不知道,他无意中采用了心理学研究方面的一项重要的新原理:装着有某种心情,往往能帮助他们真的获得这种感受——在困境中有自信心,在不如意时较为快乐。

情绪具有很强的影响力,它的改变往往带来行为的改变。多年来,心理学家都认为,在一定程度上,心情决定事情。情绪的影响是心理暗示的一种,在很多情况下,某些人,特别是权威人士、师长的话,会带来更强的心理

暗示的效果。著名的英国心理学家哈德飞，记录了这样一个实验：

哈德飞请来了3个人，并告诉他们，不管在哪种情况下，都要尽全力抓紧握力计。

实验开始，在一般的清醒状态下，3个人平均的握力是101磅（1磅=0.4536公斤）。

第二次实验则将他们催眠，并告诉他们，他们非常虚弱。实验的结果，他们的握力只有29磅，还不到他们正常力量的三分之一。

然后，哈德飞再让这些人做第三次实验：在催眠之后，告诉他们说他们非常强壮，结果他们的握力平均达到142磅。

当他们很肯定地认定自己有力量之后，他们的力量几乎增加了50%。这就是让我们难以置信的心理暗示的力量。

积极的心理暗示是以开放的、积极的态度看待环境、他人或自我，给他人或自我以积极的鼓励和信念。积极的心理暗示要经常进行，长期坚持，它能自动进入潜意识，影响意识。只有潜意识改变了，才会成为习惯，才会发挥其更大的作用来改善你的生活，促进自己的人生发展。

心理学启示

心理暗示普遍存在于生活之中，它是用含蓄、间接的办法对人的心理状态产生迅速影响的过程，它用一种提示让我们在不知不觉中接受影响。一个人，当他以积极的态度来看待自我，会产生积极的自我意识。要告诉你自己："我能行！""我相信我自己！"通过积极的态度来培养和磨练信心与意志，这种积极的心理状态可以引领你逐渐摆脱消极、自卑，变得积极、阳光、快乐，逐渐接近成功。

对于积极的自我暗示，心理学家给予了以下几点忠告：第一，通过心理暗示的作用，把树立成功心理、发展积极心态这个总原则变成可以具体操作的方式和手段。第二,由于心理暗示的内容是具体的、实际的,所以坚持积极的自我意识也就必然要选择确立自己的目标,而且主要的目标将渗透在潜意识中,作为一种模型或蓝图支配你的生活和工作。

克服消极的心理暗示

消极的心理暗示,往往会带来巨大的负面作用,有时甚至会让人失去自我。

心理暗示具有难以预测的力量。它是一种启示、提醒和指令,它会告诉你注意什么,追求什么,致力于什么和怎样行动,因而它能支配和影响你的行为。个人可以经过积极的心理暗示,自动地把成功的种子和创造性的思想灌输到潜意识的大片沃土里。相反,也可以灌输消极的种子或破坏性的思想,而使潜意识这块肥沃的土地满目疮痍。

一位心理学家在课堂上讲过这样一个寓言:

一头狮子醒来,愤怒地团团转,吼声震天,凶猛威严。

有只野兽和它开了个玩笑,在它的尾巴上挂上了标签。上面写着“驴”,有编号、有日期、有圆圆的公章,旁边还有个签名……

狮子很恼火。怎么办?从何做起?这号码、这公章,肯定有些来历。撕去标签?免不了要承担责任。

狮子决定合法地摘取标签,它满怀怒气地来到野兽中间。

“我是不是狮子?”它激动地质问。

“你是狮子,”狼慢条斯理地回答,“但依照法律,我看你是一头驴!”

“怎么会是驴?我从来不吃干草!我是不是狮子,问问袋鼠就知道。”

“你的外表,无疑有狮子的特征,”袋鼠说,“可具体是不是狮子我也说

不清！”

“蠢驴！你怎么不吭声？”狮子心慌意乱，开始吼叫，“难道我会像你？畜生！我从来不在牲口棚里睡觉！”

驴子想了片刻，说出了它的见解：“你倒不是驴，可也不再是狮子！”

狮子徒劳地追问，低三下四，它求狼作证，又向豺狗解释。同情狮子的，当然不是没有，可谁也不敢把那张标签撕去。

憔悴的狮子变了样子：为这个让路，给那个闪道。一天早晨，从狮子洞里忽然传出了“呃啊”的驴叫声。

一头凶猛的狮子，由于自身贴上了“驴子”的标签，受到其他动物话语的影响，在心底产生了消极暗示，逐渐失去了自信，最后真的把自己当成了驴。

消极的心理暗示，往往会带来巨大的负面作用，有时甚至会让人失去自我。在现实生活中，消极的心理暗示很容易让人把事情弄糟。

一般情况下，大多数人都有可能在某个时期的某个特定情景下出现一些暂时性的消极心理，比如有的中年女性因更年期来临而出现嫉妒、压抑和情绪不稳定等消极状态；有些孩子因受家庭的影响表现出狭隘、自私等消极心理。如果这些消极的心理状态不断受到强化和积累，严重到一定的程度，变成一种相对稳定的心态，此时其心理和行为就会与周围其他人有明显的相对稳定的差异，就会对事物产生一些反常的、特殊的，或者过于亢奋、过于消沉的行为反应，因而就会对生活和工作产生严重的消极影响。

心理学启示

很多人为了追求成功和逃避痛苦，都会不自觉地使用各种暗示的方法，比如困难过大时，人们会相互安慰：“快过去了，快过去了。”从而减少忍耐的痛苦。人们在追求成功时，会设想目标实现时非常美好、激动人心的情景。这个美景就对人构成一种暗示。这种暗示是主动的、积极的心理暗示，它能引导人向更加美好的方向发展,这也是克服消极心理的一种很好的方法。

现实生活中,有的女孩儿总是觉得"人家不喜欢我",到头来发现,大家果然不再喜欢她了。因为她总是这样暗示自己,大脑的意识就停留在她那些不好的方面,她的行为就难以逃出这些不好的方面。在消极心理的长期作用下,她就会让自己的情绪越陷越深。与其相反的是,如果在这种状态下,多回忆愉快的事情,多想想自己被别人肯定的场景,用微笑来激励自己,人的心情和精神面貌就会大不相同,当然,笑要真笑,要尽量多想快乐的事情。为什么"自卖自夸"的人会容易成功,这是因为他们能用肯定的方式使自己变得自信,并感染我们,使自己变得成功。这种肯定自我的心理,是对抗消极的心理暗示的良方。

罗森塔尔效应:给予肯定的鼓励

有人调侃地把罗森塔尔效应总结为:"说你行,你就行,不行也行;说你不行,你就不行,行也不行。"

++

哈佛大学的罗森塔尔博士在心理学领域小有名气,1960年,他曾在加州一所学校做过一个著名的实验:

这一年新学期刚开始,校长对两位教师说:"根据过去三四年来的教学表现,我认为你们是本校最好的教师。为了奖励你们,今年学校特地挑选了一些极为聪明的学生给你们教。记住,这些学生的智商比同龄的孩子都要高。"校长再三叮咛:"要像平常一样教他们,不要让孩子或家长知道他们是被特意挑选出来的。"

这两位教师非常高兴,更加努力地教学。

我们来看一下结果：一年之后，这两个班级的学生成绩是全校中最优秀的，甚至比其他班学生的分数高出好几倍。

知道结果后，校长不好意思地告诉这两位教师真相：他们所教的这些学生智商并不比别的学生高。这两位教师哪里会料到事情是这样的，只得庆幸是自己教得好了。

随后，校长又告诉他们另一个真相：他们两个也不是本校最好的教师，而是在教师中随机选出来的。

在这个实验中，校长撒了谎，名单上的学生实际上并非是最有发展前途的，只是他是权威，他的话也有权威性，以致所有人都相信。这个谎言首先对老师产生了暗示，老师又将自己心理活动通过语言和行为传递给学生，使学生变得自尊、自爱、自信、自强。给予别人肯定是一种心理的“强化剂”，夸奖的作用也是给予积极的心理暗示。

罗森塔尔的实验提醒我们：自尊心和自信心是人的精神支柱，被别人肯定会激发人潜在的强大力量。一位心理学系学生在阐述罗森塔尔效应时，引用了这样一个小故事：

卡耐基在很小的时候，母亲就去世了。在他 9 岁的时候，父亲又娶了一个女人。继母刚进家门的那天，父亲指着卡耐基向她介绍说：“以后你可千万要提防他，他可是全镇公认的最坏的孩子，说不定哪天你就会被这个倒霉蛋害得头疼不已。”

卡耐基本来就打算不接受这个继母，在他心中，一直觉得继母这个名词会给他带来霉运。但继母的举动却出乎卡耐基的意料，她微笑着走到卡耐基面前，摸着卡耐基的头，然后笑着责怪丈夫：“你怎么能这么说呢？你看，他怎么会是全镇最坏的男孩呢？他应该是全镇最聪明、最快乐的孩子才对。”

继母的话深深地打动了卡耐基，从来没有人对他说过这种话啊，即使母亲在世时也没有。就凭着继母这一句话，他和继母开始建立友谊。也就是这一句话，成为激励他的一种动力，使他日后成为一位成功学大师。

著名的心理学家杰丝·雷尔评论说：“称赞对温暖人类的灵魂而言，就像阳光一样,没有它,我们就无法成长开花。但是大多数人,只是善于躲避别人的冷言冷语,吝于把赞许的温暖阳光给予别人。”

心理学启示

有人调侃地把罗森塔尔效应总结为:“说你行,你就行,不行也行;说你不行,你就不行,行也不行。”换句话说,别人的肯定、夸赞是人心理的催化剂,不仅能增强他做事的信心,而且可以调动最大的积极性和展现最多的智慧来处理事情,以求获得最美满的结果。

罗森塔尔效应同样给当前的教育以很大的启示。由于家长和老师给予的肯定和鼓励,带来的积极的心理暗示是孩子梦想成真的基石。在孩子和学生的眼中,父母和老师通常是最具权威的人,他们的鼓励和期许是最有分量的。爱因斯坦是二十世纪最伟大的科学家,但他三岁才会说话,在校成绩较差,有的老师说他“笨头笨脑”,十岁时因学业不好而被开除。对于这样一个孩子,他的父母给予了多少鼓励才使他有如此辉煌的成就。由此可见,当孩子感受到父母的期望时,就会萌发或增强好学的愿望、向上的志向、勤奋的动力。父母要告诉孩子,他们是世界上最聪明的人,并将良好的积极的期望随时传递给孩子,让孩子对自己增强自信心,对自己的前途充满希望。

安慰剂效应:相信则灵

人们在认识现实、理解事物时,总会很明显地掺杂很多个人因素,包括我们的期望、经验和信念等。

++

“安慰剂效应”于 1955 年由毕阙博士提出，也被称作“受试者期望效应”。

在医学领域，“安慰剂效应”是指在不让病人知情的情况下服用完全没有药效的假药，但却得到了和真药一样甚至更好的疗效。这种似是而非的现象在医学和心理学研究中都并不罕见。由此，不少医生在对病人进行治疗时，不得不将这种“安慰剂效应”考虑进去。

约翰·杜斯是美国一位著名的牙医，也是“安慰剂效应”的研究者。在其 27 年行医生涯中，就常常遇到这种情况：一些牙痛患者在来到杜斯的诊所后便说：“我一进这里就感觉轻松多了。”其实他们并未说假话，可能他们觉得马上会有人来处理他们的牙病了，从而情绪便放松了下来；也可能像参加了宗教仪式一样，当他们接触到医生的手时，病痛便得以缓解了……总之，这都是“安慰剂效应”产生的心理暗示的作用。

一位心理学家在讲座中叙述了这样一个故事：一队战士在阿尔卑斯山的风雪中迷路了，却凭借一张地图冷静下来，扎营熬过了风雪，确定了自己的方位，两天后回到营地。当他们讲述着这张非凡的地图的时候，他们的领导却发现，这是一张比利牛斯山的地图。

一张与地形无关的地图帮助人们度过困境，是比较典型的“安慰剂效应”。也就是说，人们以为自己有所依靠，其实什么依靠也没有。就像吃下完全没有疗效的安慰剂一样，有时候却能使人觉得自己真的吃了有疗效的药一样好转起来。“安慰剂效应”的产生前提是：相信则灵。

安慰剂是一个启动力，它使人们感觉有帮助，在这个感觉下，调动自己的头脑积极思考，随后产生主观努力行为。

在现实生活中，“安慰剂效应”也经常出现。例如，一群久居城市，从来没有到过乡村的城里人到野外郊游，到达山腰时，他们为眼前清澈的泉水、碧绿的草地和迷人的风景所深深吸引。休息时，其中一个人很高兴地接过同伴递过来的水壶喝了一口水，情不自禁地感叹：山里的水真甜，城里的水跟这儿真是没法比。水壶的主人听罢笑了起来，他说，壶里的水是城市里最普通的水,是出发前从家里的自来水管接的。

通过这一现象,心理学家分析说,人们在认识现实、理解事物时,总会很明显地掺杂很多个人因素,包括我们的期望、经验和信念等,这也是“安慰剂效应”产生作用的一个原因。

心理学启示

有人这样解释“安慰剂效应”:采用药物治疗疾病时,在病人毫不知情的情况下,医师开给病人的药剂,虽名为治疗他的疾病,实则只是毫无生理作用的代用品,但病人服用后却仍然发生治疗上的效果。无疑,这是积极的心理暗示在起着潜移默化的作用。安慰剂之所以产生疗效,主要是由于病人相信治疗者的权威和药物所产生的积极作用,由此激发身体机能,首先在精神状态上发生较大的改变。

“安慰剂效应”是心理暗示作用的一个表现。很多疑难杂症或不治之症,靠着“安慰剂效应”所带来的积极作用,使得病人增强了战胜病魔的决心、改善了精神状态、延长了寿命,甚至有个别人奇迹般地获得了康复的结果。

水心理:水可以洗净罪恶

用清水清洗身体也许不能改变现实,但清洁让人的心情更为舒畅和沉稳,可以用来中和侮辱感或罪恶感所产生的负面情绪。

++

在一些电视剧和电影中,我们偶尔能看到这样的场面:受到欺辱的女

人，为了让自己摆脱受辱的心境，会在浴室里发狂地清洗身体；一些黑帮人物，在退出江湖时，也会举行金盆洗手的仪式。心理学家分析这些现象，认为水在人们的心中具有洁净的作用。在日常生活中，人们用水洗净脏了的手和衣物，因此，人们在潜意识里会对这种行为进行延伸，于是认为水也可以洗净犯过错的心灵。

用清水清洗身体也许不能改变现实，但清洁让人的心情更为光明和沉稳，可以用来中和侮辱感或罪恶感所产生的负面情绪。

许多心理学家关注对水心理的研究，加拿大多伦多大学和美国西北大学的行为研究人员在一群大学生身上就此问题进行了一系列实验。科学家们的研究显示，在人们的潜意识中，确实认为罪孽是可以“洗”净的。

在第一次实验中，美国西北大学的60名学生被隔离起来，要求描述任何一件过去发生在他们身上的道德或不道德的事。这项实验完成后，研究人员给他们出示了一系列词语碎片，例如，W与H可以拼成与清洁有关的WASH（洗）或完全不相干的WISH（希望）。那些刚刚回顾了自己不道德行为的受试者，拼出WASH的可能性更大。

美国的心理学家还做过这样一个实验：他们让学生们讲述自己做过的道德和不道德事情，然后让他们任意挑选一样礼品。实验结果表明，讲述自己所做的坏事后，学生在选择研究人员赠予的小礼品时更倾向于要消毒湿巾，而讲好事的人多半会选择铅笔等与清洁功能无关的物品。即使不涉及自己做过的事，只是抄写过一篇以第一人称写的文章，也会导致类似的现象：抄写内容不道德的文章的人更急于把手擦洗干净。

诸多的科学实验验证了人们对水清洗罪恶感的下意识依赖。用水清洗自己，不仅能够平衡心态，而且在人的心里，接触水也就象征着被宽恕。一位心理学家这样解释道：水从古代以来，也象征着母体的子宫和羊水，在人们与水发生联系时，就像得到了母亲的宽恕，重新回归了母体，回归了伊甸园，这也是通过沐浴和清洗能够减轻内心罪恶感的文化深层次原因。

在许多国家，水对人心理的影响源远流长，渐渐地形成一种风俗。在印度,有恒河沐浴的习俗。恒河被称作圣河,其水就是圣水,在里面沐浴可以消除一年来的所有不洁和污秽。

在我国民俗中,也有在特定日子"祓濯"、"祓除"邪气的习惯,用以洗去自己身上的晦气。婴儿一出生,就得清洗;人死去时,也要梳洗一番,以示干干净净地离开。

心理学启示

水心理有着很深的文化背景。古语有云,"子在川上曰,逝者如斯夫。"这是感叹时间的流逝;老子说,"天下莫柔于水,而攻坚强者莫之能胜",这是感叹水的力量;孙子说,"兵形象水,随物象形",屈原说,"沧浪之水清兮,可以濯我缨",这些又是在感叹水的变化和内涵。在中国,水在人们的意识中具有纯净的品质,也象征着随机应变的智慧。

水的这种文化意味使得人们对它的崇拜更加深厚。水作为一种更加高洁的事物,可以让人觉得自身纯净,从而摆脱掉心中的迷惑和恐惧。用水清洁的过程中,对于那些心里有阴影的人来说,是一种让自己解脱的释放。

告诉自己,我可以做想成为的那个人

成功者总是给自己这样的心理暗示:我要怀有梦想,并努力实现它。

++

很多时候,一个人所取得的成就,是在不断坚持中获得的。而这种坚持的动力,则来源于对自己的肯定。成功者经常积极地暗示自己:我能做自己

想做的人。

曾有一位心理学家讲过这样一个故事：

有一位叫罗迪的英国退休教师，一天，他在阁楼上整理自己的物品，发现了一堆练习本。这是他50年前所教的那批学生的作文，题目叫做：未来我是……

罗迪随便地翻着，很快他就被孩子们那些五花八门甚至出奇的梦想吸引住了：有一个小家伙说，未来的他会成为一个海军大将，指挥着全国的海军部队，威风得很；有一个孩子说自己将来会成为法国总统，因为他的爷爷是个法国人；有一个小姑娘说，她将来会成为王妃，和王子坐着南瓜车，还住在城堡里；有一个盲童，说自己想成为内阁大臣；还有想成为海豚训练师的，想当领航员的，想成为香水制造师的……孩子们的梦想千奇百怪，应有尽有。

看着看着，罗迪忽然产生了一个想法：曾经有过这些梦想的孩子，现在在做什么呢？他们是否实现了当初的梦想呢？他想把这些本子还给50年前的那些孩子。于是，他在很多报纸上刊登了启事。

一年过去了，那些练习本渐渐地被人领走了。他们感谢老师还留着50年前的作文，他们看到自己当初的梦想，都感动得流下了眼泪。可是，他们谁也没有实现自己的梦想。最后，还剩下一个练习本没人认领，它的主人就是那个想成为内阁大臣的盲童大卫。罗迪想，也许大卫无法看到报纸，不知道这个消息吧。

就在罗迪想把那个本子收藏起来的时候，他收到了内阁总理大臣布伦克特的一封信。他在信中说："亲爱的罗迪老师，那个叫大卫的孩子就是我。感谢你还为我们保存着儿时的梦想，但是我想我不需要那个本子，因为从拥有那个梦想后，它就一直存在于我的脑海中，我始终没有忘记。50年过去了，我可以自豪地说，我实现了那个梦想！"

梦想和现实总是有很大的差距，只有终生怀有希望并不断努力的人，才能实现自己的梦想。

心理学启示

现实生活中的很多人总觉得自己的梦想遥不可及,努力奋斗了几天,就轻言放弃,或者改变了初衷,选择一个看似容易达成的目标。而他这次努力的结果总会和上次一样。

心理学家告诫这样的年轻人,人的心理具有很强的适应性,你期望自己达到什么样的高度,实现怎样的目标,只要你坚持,在心里不断调试,调动积极的情绪,你的理想就不难实现。而那些轻易就放弃努力的人,心里的高度也只会停留在起步的阶段。

一张白纸在心里也有强大的力量

对于那些相信自己的人来说,即使手握白纸,也会拥有无限的力量。

在很多关键时刻,你是否会失去前进的勇气,会怀疑自己,以致心理的恐惧感越来越重呢?逃避是一种怯懦的表现,给予自己充分的肯定,你一定能突破眼前的困境和障碍。

这是一位心理学系同学在他的论文里引用的一个故事:

从前,在法国的南部有一位年轻的姑娘,她天资聪颖、酷爱唱歌,但很少有登台表演的机会。这一天,机会终于来了,她被一个音乐团看重,邀她一起参加演出。这是她第一次登台表演,内心十分紧张。站在后台,想到自己马上就要上场,面对上千名观众,她的手心都在冒汗,她心想:“要是在舞台

上一紧张，忘了歌词怎么办?”她越想心跳得越快，甚至产生了打退堂鼓的念头。

就在这时，一位前辈笑着走过来，随手将一个纸卷塞到她的手里，轻声说道:“这里面写着你要唱的歌词，如果你在台上忘了词，就打开来看。”她握着这张纸条，像握着一根救命的稻草，匆匆上了台。也许有那个纸卷握在手心，她的心里踏实了许多。她在台上发挥得相当好，完全没有失常。观众给予她热烈的掌声，她歌唱事业的处女作成功完成。

她高兴地走下舞台，走到那位前辈跟前向他致谢。前辈却笑着说:“你不用感谢我，是你自己战胜了自己。你拥有自信，一切都可以实现。其实，我给你的，是一张白纸，上面根本没有写什么歌词!”她展开手心里的纸卷，果然上面什么也没写。她感到惊讶，自己凭着握住的一张白纸，竟顺利地渡过了难关，获得了演出的成功。

“你握住的这张白纸，是你的自信啊!”前辈说。她拜谢了前辈，并深深地记住了人生的第一次演出。她知道，只要在自己以后的演出道路给予自己积极的心理暗示，就能换来美好的结局。

心理学启示

对于那些自信的人来说，即使他们手握白纸，也会拥有无限的力量。他们会积极地暗示自己，敢于展现自己。在我们的人生道路上，会遇到很多个第一次。由于没有经验，从外部看一种事物，总会觉得深不可测或朦朦胧胧，当你要走进它的时候，紧张感就会自然而然地产生。你要知道，紧张是谁都会有的，战胜它的唯一办法就是自信、果敢地去面对它，迎击它，从而战胜它，你也会在整个过程中变得更加成熟。

在求职或求学的过程中，想必你已经体会到了自信地展现自己的重要性，上台演讲，各种比赛，这些都只有拥有自信的人才能取得胜利。这时，你有没有想过,自己的自信来源于哪里,又是怎么培养起来的呢?其不但需要充足的准备,而且需要你给予自己积极的心理暗示。只有这样,你才能展现自己从容不迫、乐观自信的姿态。

大声地说,我是最出色的

成功者总是这样告诉自己:我要努力成为最优秀的一个。

++

在中国人的传统观念里,谦恭、退让是一种美德,它展现了君子的翩翩风度,显示着淑女的优雅气质。然而,很多时候,这种习惯心理往往起着消极的心理暗示的作用。它使人在关键时刻,缺少毛遂自荐的勇气和敢于担当的士气。

一位心理学家在课堂上讲了这样一个小故事:

从前,有一个哲学家在感觉自己行将日暮之际,想考验和点化一下自己的助手。他把助手叫到床前说:"我的蜡所剩不多了,要找另一根蜡接着点下去,你明白我的意思吗?"

"明白。"那位助手赶忙说,"您的思想光辉是要很好地传承下去……"

"可是,"哲学家慢悠悠地说,"我需要一位最优秀的承传者,他不但要有相当的智慧,还必须有充分的信心和非凡的勇气……这样的人选直到目前我还未见到,你帮我寻找和发掘一位好吗?"

"好的,好的。"助手很温顺、很尊重地说,"我一定竭尽全力去寻找,以不辜负您的栽培和信任。"

哲学家笑了笑,没再说什么。

那位忠诚而勤奋的助手,不辞辛劳地通过各种渠道四处寻找。可是他

领来一个又一个人，总被哲学家一一婉言谢绝。

半年之后，哲学家眼看就要告别人世，最优秀的人选还是没有眉目。助手非常惭愧，泪流满面地坐在病床边，语气沉重地说："我真对不起您，令您失望了！"

"失望的是我，对不起的却是你自己，"哲学家说到这里，很失意地闭上眼睛，停顿了许久，才又不无哀怨地说，"本来，最优秀的人就是你自己，只是你缺乏自信心理，才把自己给忽略、给耽误，给丢失了。"话没说完，哲学家就永远离开了他曾经深切关注着的这个世界。

那位助手非常后悔，甚至自责了整个后半生。

心理学启示

面对竞争，除了实力之外，自信是重要的砝码。我们对自己抱有信心，这种积极的心理暗示将使别人对我们萌生信心的绿芽。自信是发自内心的一种战胜困难、夺取成功的强烈信念和力量。

成功者总是这样暗示自己：我是最优秀的那个人。对于同龄人来说，谁是最优秀的一个，这是没有评判标准的。因此，你只要在心里告诉自己你很棒，你也可以成为一个优秀并且快乐的人。

在心底点燃热情之火

在每个人的心底都存有热情之火，只要你将它点燃，你的状态就会有很大的转变。

热情是推动人干好事情的主要因素之一,对每件事情,每个人的心里都存有主观的好恶感。如果你喜欢干一件事情,它正好和你的兴趣吻合,你的积极性就会提升,你的热情之火就会被点燃,同时,这份热情又会给心理带来更加积极的暗示。

拿破仑·希尔的故事经常出现在心理学的讲堂上。

那是一个有浓雾的夜晚,希尔和他的母亲一起乘船渡江到纽约。他们站在船头望着茫茫大海,母亲突然欢叫道:"这是多么令人欣喜的景观啊!"

"什么东西让您如此欣喜呢?"希尔问道。

母亲依旧充满热情:"你看呀,那浓雾,那四周若隐若现的灯光,还有消失在雾中的船带走了令人迷惑的灯光,多么令人不可思议。"

母亲的热情极大地感染了拿破仑·希尔,他也着实感觉到厚厚的白色雾中那种隐藏着的神秘、虚无及点点的迷惑。一颗迟钝的心得到了一些新鲜血液的渗透,不再没有感觉了。

母亲转过头,凝望着希尔,语重心长地说:"从你出生之日起,你就一直在聆听我给你的忠告。不管以前的忠告你有没有听进去,但今天的忠告你一定要听,而且要永远牢记。那就是,世界上从来就有美丽和兴奋存在,她本身就是如此动人、如此令人神往,所以,你自己必须要对她敏感,永远不要让自己感觉迟钝、嗅觉不灵,永远不要让自己失去那份应有的热情,要用热情激励自己努力奋斗。"

母亲的这番话拿破仑·希尔永远地记在了脑海里,并在以后的日子里始终实践着。

拿破仑·希尔对于写作热情极高,有一天晚上,当拿破仑·希尔正在专心地敲打打字机时,偶尔从书房窗户望出去,他看到了似乎是最怪异的月亮倒影,反射在大都会的高塔上。那是一种银灰色的影子,是他从来没见过的。再仔细观察一遍,拿破仑·希尔才发现,那是清晨太阳的倒影。原来已经天亮了。他工作了一整夜,但太专心于自己的工作,使得漫长的一夜仿佛只是半个小时,一眨眼就过去了。

心理学启示

每个人的心底都存有热情之火，只要你将它点燃，你的状态就会有很大的转变。心理学家告诫人们，生活中需要热情，快乐更是由热情点燃的。当你为了一件事而全身心投入的时候，不管最后取得的结果是否让你满意，那份专注的热情都会持久地温暖你的心。真正懂得享受人生、把握人生的人，即使在生活平淡如水时也能发现激情的所在，他们会调整自己，他们能让平静的水面泛起涟漪，他们会时时刻刻让自己保持对生活、对人生的热情和信心。这样，他们的热情就一直很饱满，思考力与创造力一直都很旺盛。如果两个人具有完全相同的才能，那么，必定是更具热情的那个人会取得更大的成就。

渴望成功的人常常这样暗示自己：我要让自己永葆热情。一壶煮开的水，如果不继续烧，能永远是热的吗？肯定不能，同理，如果想让你的生活充满欢笑，处于"沸腾的状态"，让它持续保持热情是一个绝佳的方法。热情使我们的决心更坚定，使我们的意志更坚强！

在绝境中，要暗示自己存在奇迹

如果你留心，你会发现，越是在逆境中，奇迹反而越容易出现。

++

在社会上行走，每个人都难免会在某个时候陷入困地，或者跌入绝境。有些人能够从谷底反弹，跨越眼前的障碍，看到更高处的风景，他的名字叫强者。有些人则越陷越深，垂头丧气，失去了拼搏的志气，任由自己顺其自然地发展，他的名字叫做弱者。他们命运的差别，不是天造，而是自己造成的。那些在绝境中坚信奇迹会出现的人，总能迎来更美好的未来。

20世纪90年代，日本经济遇上了大萧条时期，很多中小企业支撑不住，相继破产。东京一家经营水果的公司其业绩也大幅下滑，公司处于破产边缘。

但是，这家公司的老板不甘心自己一手经营的公司就这么倒闭，于是每天绞尽脑汁地想办法。终于有一天，这位老板想到了一个好办法。他去一个上好的苹果产地预购了一批苹果，他想在这些苹果还在成长阶段时，就将一种标签纸贴在苹果的表面，这样当苹果红了之后，贴有标签纸的地方就会留下相应的空白的形状。

预购完苹果后，他就从自己的客户名单中挑选出大约二百名以往经常有大订单的客户，把他们的名字用笔写在透明的标签纸上，然后请人一一贴在苹果表面，等到苹果熟了之后送给相应的客户。结果，几乎所有的客户收到这一礼物时都非常感动，随即加大了与这家水果公司的订购量。

一年后，周围经营水果的公司几乎都相继倒闭，只有这家公司的生意反而越来越好，营业规模非但没有萎缩反而扩大了几倍。

心理学启示

在做生意时，再好的环境也有人赔本，再坏的环境也有人发财，不管是逆境还是顺境，一切都在于人的主观态度。如果你留心，你会发现，越是在逆境中，奇迹反而更容易出现。“水果不仅需要阳光，也需要凉夜。寒冷的雨水能使其成熟。人的性格陶冶不仅需要欢乐，也需要考验和困难。”美国作家布莱克的这段话说出了困难与逆境对于一个人成长的重要作用。

生活中，逆境就像刀子，握住刀柄就可以为我们服务，拿住刀刃则会割破手。

成功的人这样告诉自己：我要握住磨难的刀柄。生活中的许多事情，总不会按照我们预想的方式进行，许多不期而遇的磨难，给予强者坚实的臂膀，而给予弱者的，则是无限的畏惧与退缩。逆境可以磨炼人的能力，逆境可以磨炼人的毅力，逆境可以使人坚强，逆境可以使人成长。吃得苦中苦，方为人上人。乐观的人，把磨难看做一笔财富，他们以洒脱的心情看待上天给予的恩赐，把这样的财富一笔又一笔地积蓄在人生的银行里，让自己的人生储蓄更为丰厚。

改变自己的力量在心中

心理学家这样告诫他的学生："即使你再弱，再贫穷，再普通，你仍然拥有令别人羡慕的优势。"

++

在每个人的心底，都渴望获得更好的生活。他们不断追求，努力改变自己，能够坚持下去的人，成了最后的胜利者。

1947年，美国美孚石油公司董事长贝里奇到开普敦视察工作。偶然间，他看到一位黑人小伙子正跪在地板上擦拭，奇怪的是，他每擦完一块地板，就要面对前方虔诚地叩一下头。贝里奇百思不得其解，就问小伙子是怎么回事。这位黑人小伙子回答说，他在感谢圣人。

贝里奇还是有点奇怪，到底他要感谢的圣人是谁呢？黑人继续解释说，他之所以能找到这份工作，一定是圣人帮助他的缘故，是圣人让他终于有了饭吃。贝里奇笑了，他告诉黑人小伙子说："我也曾经遇到过一位圣人，这位圣人使我成了美孚石油公司的董事长,我可以引见你认识他,你愿意去拜访他吗?”黑人说:“我是个孤儿,从小靠教会抚养,我很想报答教会的养育之恩,如果这位圣人能让我在自己养活自己之后,还有余钱来了却心愿,我非常愿意去拜访他。可是,如果我离开去拜访圣人,我的饭碗可能就保不住了。”

贝里奇说:“你知道南非有一座很有名的山,叫做大温特胡克山吗? 我所说的圣人,就住在那里。他能为人指点迷津,所有经过他点化的人都会有一个大好前程。20 年前,我到南非登上了那座山,找到了那位圣人并得到了他的指点,所以我才有了今天的地位。如果你愿意去,我可以替你向你们的经理说情,准你一个月的假。”

于是,黑人小伙子向南非出发了。在那 30 天的时间里,他一路披荆斩棘,风餐露宿,过草地,穿森林,历尽艰辛,最后终于登上了白雪皑皑的大温特胡克山。他在山顶搜寻了一天,除了自己,什么都没看到。

黑人小伙子失望地回到了开普敦,当贝里奇问他看到了什么时,他懊丧地说:“很抱歉,董事长,我在山顶上找了一天,可是我发现,除了我自己以外,根本没有别的什么人。”

贝里奇大笑道:“你说得对! 除了你自己之外,根本没有别的圣人能给你指点迷津。”

20 年后,这位黑人小伙子成了美孚石油公司开普敦分公司的总经理。2000 年,他作为美国美孚石油公司的代表参加了在上海举办的世界经济论坛大会。在一次记者招待会上,记者让他谈谈自己传奇般的成功故事,他只说了这么一句话:“当你发现自己的那一天,就是你遇到圣人的时候。”

有很多人期待会有别人来帮助自己,其实这个世界上,能帮助你成功的圣人就是你自己。当你发现自己的那一天,也就是你拨开迷雾、走向成功的那一天。

心理学启示

很多人在面对生活或遇到困难时，总把希望寄托于他人，希望有圣人能多帮助自己。在陷入低谷时，他能主动伸出手拉自己一把；在往上攀登时，他能在身下把自己托高。殊不知，这种潜在的心理会渐渐斩断你自强奋进的羽翼，而且你更应该意识到，除了你自己之外，根本没有别的圣人能够帮助你。你所有的对外力的寄托，都是逃避心理在作祟。

成功的人善于发现自己。学会选择自己的人生道路，也要做自己擅长的事。心理学家这样告诫他的学生："即使你再羸弱，再贫穷，再普通，你仍然拥有别人羡慕的优势。"很多人不知道自己的优势是什么，他们总是期待会有别人来帮助自己，其实在这个世界上，能帮助你成功的圣人就是你自己。当你发现自己的那一天，也就是你拨开迷雾、走向成功的那一天。

困难在心中变大

你用逃避的心理对待困难的时候，它就会在你眼前变得越来越大。

亚伯拉罕·林肯是美国第16任总统，领导了拯救联邦和结束奴隶制度的伟大斗争。尽管他仅受过一点儿初级教育，担任公职的经验也很少，然而，他那敏锐的洞察力和深厚的人道主义意识，使他成为美国历史上最伟大的总统之一。他不畏艰辛、不惧失败的勇气和毅力，感染和激励了一代又一代的年轻人。从林肯辉煌的一生中，我们可以看出，"想到就立即去做"是他能够不断突破自己的一件法宝。

在林肯去世后,他的一位朋友在他的家里发现了这样一封信:我父亲在西雅图有一处农场,里面有许多石头。有一天,母亲建议把石头搬走。父亲说,如果可以搬走的话,主人就不会卖给我们了,于是,这些石头就一直在那里。有一年,父亲去城里买马。母亲说,让我们把这些碍事的东西搬走,好吗?于是我们开始挖那一块块石头。没用多久,就把它们搬走了,因为它们并不是父亲想象的山头,而是一块块孤零零的石块,只要往下挖深一些,就可以把它们晃动。这件事让我明白,有时候困难并不像我们想象得那么大,有些事想到就要立即去做,勇敢地尝试一下,总会比绕着它走要有所收获。

很多时候,你比想象的要有能力,要更高大、更坚强。只不过你的心被困难、恐惧、自卑等蒙上了诸多的灰尘,不能认清真实的自己。

在一家漂亮的露天游泳场里,安妮直勾勾地看着大伙儿在灿烂的阳光下尽情地嬉戏,心头忽然涌出一种不舒服的感觉来。

安妮害怕自己被呛着,所以总是不敢跳下水去。

也许是看到了她的内心正在挣扎,一些小伙伴就过来挑逗安妮了:

“跳下来吧,不要因为害怕水,你就永远不去游泳了……”

“是呀,安妮,你看今天的水,不冷不热的,恰到好处呢……”

一个小伙伴调皮地捧起一捧水来,“哗”地泼在了安妮的身上,哦,滑滑的,凉凉的,果真是清爽极了。

犹豫了一会儿,安妮终于鼓足勇气试着下到了水中——虽然还只是在靠近岸边的地方扑腾,但安妮发现自己并没有想象中的那么无能。

一个小伙伴手把手地教着安妮:“试试看,把自己浸入水里,看会不会沉下去!”

安妮很听话地试了一次。嘿嘿,小伙伴说的确实没错,在自己的意识处于完全清醒的状态下,要想整个身子都沉到水底下还真的有些难度呢。

“怎么样?既然沉不下去,那也就淹不死了,你还担心什么呢?”听着小伙伴这么一说,安妮突然为自己以前的想法感到好笑起来。

从这天开始，安妮再也不害怕水了，不但可以勇敢地从岸上直接跳下水，而且还能在水中憋着气游好远了呢。

心理学启示

“一帆风顺”、“事事顺利”是我们经常听到的祝福的话，但心理学家说，很多时候，我们在渴望拥有平坦的路途时，也徒增了对困难的恐惧。一个农场就好比我们的人生，由于命运的不同，也许你的那块“农场”石头遍布，敢于搬开它的人，在让这片“农场”生机盎然的同时，也在改变自己的命运。面对石头，烦恼苦闷、毫无行动的人，他们人生中的困难会在心里变得越来越大。

心理学家说，在我们的心里，都潜藏着对陌生事物的恐惧与害怕，由此也就会对自己的能力产生怀疑，对行事失去信心。其实，只要敢于正面迎接它，你就会发现：它并没有多么可怕，相反，你会发现自己因此变得强大了。

想象怎样，你就会怎样

想象与人的心理有很大的关系，想象力是人的一种特殊思维，人们为了追求成功和逃避痛苦，会不自觉地运用自己的想象力。想象带来的积极或消极的心理暗示，对一个人有着很大的影响。

++

有一次，三个人相约外出旅游，在经过一个原始部落的时候，无意之间惹恼了当地的土著居民而被追杀，不得已只好逃进了一片杳无人烟的荒漠中。

漫无目的地熬过了两天,抬眼看看荒漠依旧无边无际,三个人明显地感受到了死亡之神正在悄悄迫近:是的,既没有食物,也没有水,这在荒漠里是非常可怕的。

“唉,谁要是在这个时候给我们送来一些水,”政客有气无力地蹒跚着,说道,“嘿嘿,我回去之后一定对他提拔重用,或者给予高额的酬劳。”

但地质学家没好气地呛了一句:“哎,我说伙计呀,你就省省心吧,还不如老老实实地自己求自己,努力寻找水源呢!”

正说着呢,三个人来到了一片深凹下去的洼地边,而且还发现了一些相对比较潮湿的土壤。

“挖水吧。”三个人找来几根枯萎的草杆作为工具,使劲儿地朝着潮湿土壤的地儿挖了下去。但非常遗憾的是,直到累得筋疲力尽了,还是不见有水渗透出来,三个人只好舔着干裂的嘴唇沉沉地睡了过去。

很快,天亮了,诗人早早地醒了过来。

一边打着呵欠一边望着漫无边际的荒漠,诗人的思维忽然就像是挣脱了缰绳的马儿一样活跃了起来:要是我们正置身于一片绿油油的草地上,那该有多好呀。身边山泉叮咚、蜂嗡虫鸣,头顶阳光灿烂、和风轻拂。尤为可爱的是,草叶间、树枝上,一颗颗晶莹剔透的露珠在阳光的照耀下简直就是……

“对呀,露珠?”诗人突然想起了什么来,拔腿向着一片低矮的草丛跑去。果不其然,在草丛的枝叶间,还多多少少地残存着一些尚未完全蒸发掉的露珠。

“伙计们,快起来呀,我们有水喝了!”诗人欢快地叫了起来。

随后,每天的后半夜里,三个人就想办法舔草丛或者是树叶上刚刚凝结而又没有蒸发的露珠。一个多星期之后,他们走出了荒漠。

“哎呀,伙计,是你救了我们啊!”政客和地质学家感激地对诗人说道。

“哪里呀!”诗人也自豪了,“是想象力救了咱们!”

心理学启示

心理学家说，“想象力的伟大是我们人类能比其他物种优秀的根本原因。”想象，是人在某种愿望或要求达不到的情况下，运用大脑思维构造的一种虚拟的幻影，它可以将以前的和未来的事物联系到一起。适度的想象不仅可以使人的精神愉悦，还可以激发人更大的潜能。

在现实生活中，我们都有过这样的体验：在追求成功时，人们设想目标实现时非常美好、激动人心的情景。这个美景会给人一种积极的心理暗示，它为人们提供动力，提高挫折耐受能力，使人保持积极向上的精神状态。

给心一个正确的方向

一件事情从不同的角度看，往往会有不同的结果，与其给自己造成一种不必要的纷扰，不如怀揣美好，一颗积极的心比任何东西都要宝贵。

++

有一位秀才第三次进京赶考，住在一个经常住的店里。考试前两天，他做了三个梦，第一个梦是梦到自己在墙上种白菜；第二个梦是下雨天，他戴了斗笠还打伞；第三个梦是梦到跟心上人脱光了衣服躺在一起，但是背靠着背。

这三个梦似乎有些深意，秀才第二天就赶紧去找算命先生解梦。算命先生一听，连拍大腿说：“你还是回家吧。你想想，高墙上种菜不是白费劲吗？戴斗笠打雨伞不是多此一举吗？跟心上人脱光了躺在一张床上了，却背靠背，不是没戏吗？”

秀才一听，心灰意冷，回店收拾包袱准备回家。店老板非常奇怪，问：“不是明天才考试吗，今天你怎么就回乡了？”

秀才如此这般说了一番，店老板笑了：“哟，我也会解梦的。我倒觉得，你这次一定要留下来。你想想，墙上种菜不是高种吗？戴斗笠打伞不是说明你这次有备无患吗？跟你的心上人脱光了背靠背躺在床上，不是说明你翻身的时候就要到了吗？”

秀才一听，觉得更有道理，于是精神振奋地参加考试，居然中了探花。

俗话说，积极的人像太阳，照到哪里哪里亮；消极的人像月亮，初一、十五不一样。很多事情，都具有不同的面孔，它们在你的眼里是什么样子的，很大程度上取决于你对它们的主观看法。

人生需要不断地作出选择，前进或退缩、积极或消极，不同的选择决定不同的出路，也构建了不同的人生。

心理学家告诫人们，很多时候，你的心偏向了错误的方向，但自己却浑然不知。而哲学家则告诫说，行走在错误的方向上，停止即是进步。

拿破仑·希尔曾经做过的实验也许能说明这个道理：

有一天，拿破仑·希尔问一群学生：“你们有多少人觉得我们可以在30年之内废除所有的监狱？”

学生们都觉得很不可思议，这可能吗？一个个面面相觑起来。

见大家都不说话，拿破仑·希尔就再次重复了一遍：“你们有多少人觉得我们可以在30年之内废除所有的监狱？”

在确信拿破仑·希尔不是在开玩笑之后，终于有人站起来开始极力反驳了：“废除所有的监狱？这怎么可以呀，要是把那些杀人犯、抢劫犯以及强奸犯全部释放了，你想想会有什么可怕的后果啊？非把这个社会搅得天翻地覆不可。所以说，监狱是无论如何也必须保留的。”

既然有人开了个头，其他的人也就跟着七嘴八舌地讨论了：

“如果废除监狱，我们的正常生活肯定会受到威胁。”

“可不是嘛，有些人天生就改不好，还不如关在监狱里呢。”

“每天都有犯罪案件发生，不要监狱那些罪犯往哪儿关押？”

到了最后，甚至还有人说：“有了监狱，警察和狱卒才有工作做。如果废除监狱的话，他们岂不都要失业了吗？”

……

听着学生们的话语，拿破仑·希尔丝毫不为所动。在最后的时候，他说了这样一句话：“很好，你们已经说了各种不能废除监狱的理由，暂且先把这个问题放到一边。现在，我们来试着相信可以废除监狱，假设可以废除，那么接下来我们又该怎么去做呢？”

学生们愣了愣，然后就静静地思索起来。过了一会儿，有人犹犹豫豫地说着：“如果监狱真的废除了，成立更多的青年活动中心应该可以减少犯罪事件的发生。”很快，这一群在几分钟之前还坚持反对意见的人，竟然开始热心地参与“出谋划策”了，纷纷提出了自己认为可行的措施：

“先消除贫穷，低收入阶层的犯罪率高。”

“采取预防犯罪的措施，辨认、疏导有犯罪倾向的人。”

……

拿破仑·希尔仔细地做了一个统计，学生们总共提出了 78 种基本可行的构想或者建议。

心理学家分析这个故事时说，当你在心中告诉自己某件事情不可能做到的时候，你的大脑中就会想方设法地为你找出尽可能多的做不到的理由，你的心理就趋向于消极的方向。相反，当你相信某一件事情确实可以做得到的时候，你的大脑也会积极地帮助你找出做得到的各种方法。

心理学启示

心理学家巴甫洛夫认为:暗示是人类最简单、最典型的条件反射。从心理机制上讲,它是一种被主观意愿肯定的假设,不一定有根据,但由于主观上已肯定了它的存在,心理上便竭力趋向于这项内容。

暗示的作用可以是积极的,也可以是消极的。消极的暗示会对被暗示者造成不良的影响,就像算命先生给秀才的答案,一度使秀才失去考试的信心,这就是消极的心理暗示所起的作用。积极的暗示可帮助被暗示者稳定情绪、树立自信心以及提高战胜困难和挫折的勇气。因此,在生活中我们要学会多给自己积极的心理暗示。

第三辑

把握心理效应，探究内心深处的秘密

人的心理是秘密的集合地，同时也是一个五彩缤纷的万花筒，而心理效应就是其中一道绚丽的风景。心理学家解释说，心理效应是指社会生活当中较常见的心理现象和规律，是某种人物或事物的行为或作用，引起其他人物或事物产生相应变化的因果反应或连锁反应。同任何事一样，它具有积极与消极两方面的意义。了解、掌握并利用心理效应，你会逐步发现许多潜藏着的影响人生发展的心理因素。

光环效应：每个人都有爱屋及乌的心理

心理学家把光环效应也称作晕轮效应，它会影响人际知觉，从而作用于人的心理，影响人的情感。

++

一天，一位心理学老师在课堂上向学生们解释光环效应：

"光环效应"是指：一个人的某种品质，或一个物品的某种特性给人以非常好的印象。在这种印象的影响下，人们对这个人的其他品质，或这个物品的其他特性也会给予较好的评价。

学生们听完后仍是一头雾水，似懂非懂。老师看此情形，接着举了一个真实的例子：

现如今，"光环效应"最明显地体现在人的购物心理上，许多商家也正是利用了光环效应的原理，才由此打开了顾客的口袋。

飞鸽自行车的名声在中国不亚于哪位顶级巨星，这个来自中国天津的自行车品牌如今早已扬名海外，但十几年前，天津自行车厂只是一家历史较久的自行车生产厂，它制造的飞鸽牌自行车行销神州大地，极受消费者欢迎。但是，仅仅满足于国内市场是远远不够的。天津自行车厂早就策划要把自己的自行车推向世界，赚外国人的钱。

1989 年 2 月，机会终于来了，正为开拓海外市场犯愁的自行车厂领导得到了一个消息：新当选的美国总统布什即将访华。领导们眼睛一亮，认为办法有了。原来，布什夫妇是一对自行车迷，酷爱自行车运动。他们想从这一点找到打开海外市场的突破口。

天津自行车厂把自己的想法告诉了新华社，愿意把飞鸽牌自行车作为礼品,送给布什夫妇。新华社认为这是个好办法,于是将这个想法又上报给了国务院。国务院对这件事十分重视,最后答应以刚投产的飞鸽 QF83 型男车和 QF84 型女车作为送给布什夫妇的礼品车。

当李鹏总理将这两辆自行车作为礼物送给布什夫妇时,他们显然十分高兴,并当场表示明天就会骑一骑。这个场面被全世界上百家新闻单位进行了报道。通过新闻的传播,飞鸽牌自行车开始名扬全世界。天津自行车厂抓紧时机,加快了向美国出口自行车的步伐。不久,造型新颖、性能可靠的飞鸽牌自行车就源源不断地飞到了美国。借助布什夫妇的名气,飞鸽牌自行车终于打开了海外市场。

心理学启示

心理学家把“光环效应”也称为“晕轮效应”,它会影响人际知觉,从而作用于人的心理,影响人的情感。这种爱屋及乌的强烈知觉,就像月晕的光环一样,向周围弥漫、扩散,所以人们就形象地称这一心理效应为“光环效应”。

从上文的故事中我们了解到,名人效应是一种典型的“光环效应”。名人本身不能为企业创造什么价值,但是其在公众中的无形影响力却是企业求之不得的。因此,许多商家都借用名人的“光环效应”来增强产品的影响力,亲近消费者的心理,往往会取得很好的效果。还比如这样一种现象,一个作家没出名之前,他的作品读者知之甚少,一旦出名,不仅著作大卖,以前压在箱子底的稿件全然不愁发表,所有著作都不愁销售,这都是“光环效应”的表现。

跳蚤效应：人生的高度受限于心理

人长期被禁锢在特定的框架内，同样会形成一种固定模式，在潜意识里面深深植根，在心理上表现为不敢尝试。

在一次培训课上，一位心理学家绘声绘色地给学生们讲述了这样一个故事：

一位教授曾经做过这样一个实验，在一个玻璃杯里放进一只跳蚤，跳蚤立即轻易地跳了出来。我们知道跳蚤跳的高度一般可达它身体的四百倍左右，所以跳蚤称得上是动物界的跳高冠军。接下来他再次把这只跳蚤放进杯子里，然后立即在杯子上加一个玻璃盖，跳蚤照样跳起但却重重地撞在玻璃盖上。一次次被撞，跳蚤开始变得聪明了，它开始根据盖子的高度来调整自己所跳的高度，直至在盖子下面可以自由跳动。

一天后，实验者把盖子轻轻拿掉，跳蚤不知道盖子已经去掉了，它还是在原来的那个高度继续跳。

从此，可怜的跳蚤再也没有跳出那个玻璃杯，最终死在了里面。

实验结束后，很多学生觉得有些滑稽，坦言说跳蚤实在是太愚蠢了，只是一个小小的玻璃盖，使得原本弹跳力很强的它被困在了一个特定的弹跳高度，不能自由自在地生活，真是可悲。

心理学家告诉学生们：与其说是盖子挡住了它向上的路线，使得它无法突破这个固定的框框，不如说是这个盖子框住了跳蚤的思维和观念，使得它在特定的环境中，培养出了一种思维定式，这种定式深深地作用于它的心理，使得它告诉自己，那个盖子的高度，是无法超越的。

心理学启示

人和跳蚤存有某些共同点,如果人长期被禁锢在特定的环境内,同样会形成一种固定的思维模式,在潜意识里面深深植根,在心理上表现为不敢尝试。在已成定局的情况下,人的思维又往往是单一的,在受限制的特定的环境中形成的思维方式,很多的客观因素同时作用于心理,告诉你,就应该是这样的,不能超越,没有其他回旋的余地,于是,就形成了思维定式。最终使得人往往在简单的事情面前,也不能做出正确的判断。

因此,如果你审视自己之后,发现自己的观念缺少灵活的变通性、自己的心理缺乏不断尝试的勇气,那么,你就很有必要及时从"跳蚤效应"的魔咒里把自己解脱出来了。

鸟笼效应:摆脱无畏的烦恼

如果一个人买了一个空的鸟笼放在自己家的客厅里,过不了多久,他一般会有两种选择,丢掉这个鸟笼或者买一只鸟回来养。

++

1907年,詹姆斯结束教学生涯,从哈佛大学退休,同时退休的还有他的好友物理学家卡尔森。

有一天,两人突发奇想,打了个赌。詹姆斯说:"我一定会让你不久就养上一只鸟的。"卡尔森不以为然:"我不信!因为我从来就没有想过要养一只鸟。"

没过几天，恰逢卡尔森生日，詹姆斯送上了礼物——一个精致的鸟笼。卡尔森笑了："我只当它是一件漂亮的工艺品。你就别费劲了。"从此以后，只要客人来访，看见书桌旁那只空荡荡的鸟笼，他们几乎都会问："教授，你养的鸟什么时候死了？"卡尔森只好一次次地向客人解释："我从来就没有养过鸟。"然而，这种回答每每换来的却是客人困惑而有些不信任的目光。无奈之下，卡尔森教授只好买了一只鸟，詹姆斯的"鸟笼效应"奏效了。

通过这个案例，我们看到"鸟笼效应"的一个很有意思的规律：如果一个人买了一个空的鸟笼放在自己家的客厅里，过不了多久，他一般会有两种选择，丢掉这个鸟笼或者买一只鸟回来养。

原因是：空空的鸟笼挂在客厅里，不仅显得别扭，而且也极不美观。即使主人不在意，每次来访的客人都会很惊讶地问他这个空鸟笼是怎么回事，或者把怪异的目光投向空鸟笼。时间一长，他不愿意忍受每次都要进行解释的麻烦，就会丢掉鸟笼或者买只鸟回来相配。

心理学家对这一现象解释说，这是因为买一只鸟比解释为什么有一只空鸟笼要简便得多。即使没有人来问，或者不需要加以解释，长时间放置一个空空的鸟笼也会对人的心理造成一定的压力，时间一长，"鸟笼效应"也会使其主动去买来一只鸟与笼子相配套。

心理学启示

"鸟笼效应"是一种潜在的对心理的影响。佛经云：人最难摆脱的是无谓的烦恼。许多人不正是先在自己的心里挂上一只笼子，然后再不由自主地往里面填满一些东西吗？在心理学领域，"鸟笼效应"也被称为"空花瓶效应"。如一个女孩子的男朋友送了她一束花，她很高兴，特意让妈妈从家里带来一只水晶花瓶，结果为了不让这个花瓶空着，她的男朋友就必须隔几天就送花给她。

近几年,人们对住房的刚性需求加大,房子成了稀缺资源。一个人一旦买了房子就想去装修,于是麻烦就开始了,整体布局,房间的主色调,每件物品的搭配,家具的选择,每个选择都受前一因素的影响或制约。就会为了藏书去做个书柜,做了书柜就要配一个凳子,配了凳子可能还需要配一个落地窗,这样看书才高雅,配了落地窗,又发现房子太小,必须把房间给打通……“鸟笼效应”就这样发生在装修房子的过程中,如果把握不好自己的心理,不能保持一颗平常心,恐怕在这个过程中会遇到诸多的烦恼。

霍桑效应:让自己由A跨向A+

心理学家总结:当某个人受到公众的关注或注视时,学习和交往的效率就会大大增加。

++

“霍桑效应”是心理学中一项重要的效应,也有人称之为“宣泄效应”。

二十世纪二三十年代,美国研究人员从在霍桑工厂进行有关工作条件、社会因素和生产效益关系的实验中发现了“实验者效应”,心理学家称之为“霍桑效应”。

这项实验的第一阶段是从1924年11月开始的,主要测试工作条件和生产效益之间的关系,实验者把工厂人员分为实验组和控制组。结果不管增加或控制照明度,实验组产量都上升,而且照明度不变的控制组产量也增加。另外,又试验了工资报酬、工间休息时间、每日工作长度和每周工作天数等因素对生产效益的影响,结果也看不出这些工作因素对生产效益有直接影响。

实验进行到第二阶段，他们请来了美国哈佛大学的教授梅奥，其着重研究社会因素与生产效率的关系，结果发现生产效率的提高主要是由于被实验者在精神方面发生了巨大的变化。参加实验的工人被置于专门的实验室并由研究人员领导，其社会状况发生了变化，受到各方面的关注，从而形成了参与实验的感觉，觉得自己是公司中重要的一部分，而使工人从社会角度方面受到激励，促进产量上升。

分析这个效应，心理学家总结：当某个人受到公众的关注或注视时，学习和交往的效率就会大大增加。

“霍桑效应”在我们日常工作和生活中也有所表现，并被人们有意识或无意识地采用。例如现在有些学校为了获得更好的升学率和教学成绩，就根据学生成绩分不同等级的班，对成绩相对优良的那一部分学生给予特别的关注，使得那些在优等班的学生对学习更加有信心，更加发奋努力，学习成绩也越来越好。然而，这样做只注意了问题的一个方面，忽视了另一个方面，即那些没有受到关注的学生有的不免会产生自卑感，缺乏自信心，学习劲头不足，甚至“破罐子破摔”。

从这一点来说“霍桑效应”给我们的另一个启示是：人在一生中会产生数不清的意愿和情绪，但最终能实现、能满足的却为数不多。对那些未能实现的意愿和未能满足的情绪，切莫压制下去，而要千方百计地让它宣泄出来，这对人的身心和工作效率都非常有利。

心理学启示

通过上面的分析，我们看到“霍桑效应”的正面作用是，当某个人受到公众的关注或注视时，学习和交往的效率就会大大增加。换句话说，在别人的关注下，人们的行动更具驱动力和自主性。这点在教学中经常体现，如一个学生学习成绩有所进步，老师把他夸奖为大家的榜样，并让大家关注他的学习方法和近况，那么，多数情况下，这个孩子的学习成绩会持续提高。

同时，我们也不可忽视“霍桑效应”的负面影响。在“霍桑效应”发生正面作用时，相应的也会出现负面影响。当某个人受到大家的关注，受到夸奖时，必然会受到别人的嫉妒，这些人就容易受到“霍桑效应”的负面影响，产生不良情绪。虽然它可以通过别的途径转移，却不会被直接消灭。人们在压抑、克制阶段往往意识不到它的存在，但如果一直找不到宣泄的途径，那就会使人们在心理上形成强大的潜在压力。过分压抑会导致精神忧郁、孤独、苦闷，甚至窒息；一旦控制不住，会导致心理堤坝崩溃，使人表现出一种变态的行为，甚至导致精神失常。因此，心理学家告诫人们，当这种不良情绪发生作用时，要学会缓解和疏导。如偶尔幽默一下不失为一种很好的调解方法，有时能取得异乎寻常的效果，幽默可以帮助人们把压抑所产生的情绪，以合法的、文雅的方式宣泄出去。

马太效应：善于引导自己

任何个体、群体或地区，一旦在某一个方面获得成功和进步，就会产生一种积累优势，就会有更多的机会取得更大的成功和进步。

在心理学领域，“马太效应”被学者广泛关注。这一术语是由美国科学史研究者罗伯特·莫顿提出的。1968年，通过研究，他发现了这样一种社会心理现象：相对于那些不知名的研究者，声名显赫的科学家通常获得更高的声望，即使他们的成就是相似的，同样，在同一个项目上，声誉通常给予那些已经出名的研究者，例如，一个奖项几乎总是授予最资深的研究者，即使所

有工作都是一个研究者完成的。随后，这一现象就作为“马太效应”，被越来越多的心理学家研究。

罗伯特·莫顿归纳“马太效应”为：任何个体、群体或地区，一旦在某一个方面（如金钱、名誉、地位等）获得成功和进步，就会产生一种积累优势，就会有更多的机会取得更大的成功和进步。

根据资料记载，“马太效应”的名字来自于圣经《新约·马太福音》中的一则寓言。

《圣经》中“马太福音”的第二十五章有这么几句话：“凡有的，还要加给他叫他多余；没有的，连他所有的也要夺过来。”因此，美国科学史研究者莫顿用这句话概括了他研究的社会心理现象。

从表面上看，“马太效应”使贫者越贫，富者越富。概括来说，它是指好的愈好，坏的愈坏，多的愈多，少的愈少的一种现象。

心理学家分析说，“马太效应”揭示了一个不断成长的个人需求原理，关系到个人的成功和生活的幸福，因此它是个人成功的一个重要法则。

“马太效应”在社会中是广泛存在的。尤其是在经济领域内：强者恒强，弱者恒弱，也影响着社会的分层。

有这样一个“空手套白狼”的故事，是对“马太效应”在当今社会中的一个很好的诠释：

在美国一个村庄里，有这样一个老头，他决心让儿子成为一个不平凡的人。经过一番思考后，他找到了美国当时的首富石油大王洛克菲勒，对他说：“尊敬的洛克菲勒先生，我想给你的女儿找个对象。”洛克菲勒说：“对不起，我没有时间考虑这件事情。”老头说：“如果我给你女儿找的对象，也就是你未来的女婿是世界银行的副总裁，可以吗？”洛克菲勒同意了。然后，老头又找到了世界银行总裁，对他说：“尊敬的总裁先生，你应该马上任命一个副总裁！”总裁先生说：“不可能，这里这么多副总裁，我为什么还要任命一个副总裁呢，还必须马上？”这个人说：“如果你任命的这个副总裁是洛克菲勒的女婿呢？”世界银行总裁听后便爽快地答应了。

心理学启示

“马太效应”在我们的日常生活中经常有所体现。如在学校教育中，一个品学兼优的好学生，会由于考试成绩的优异，受到学校领导的称赞，班主任更是经常表扬，同学们会羡慕他，回到家中也备受宠爱。如果能善加引导，在“马太效应”的作用下，他的学习成绩在某一段时间内仍然会稳步攀升，同时也会获得更多的称赞。

但社会心理学家分析认为，“马太效应”是个既有积极作用又有消极作用的社会心理现象。其积极作用是：“马太效应”所产生的“荣誉追加”和“荣誉终身”等现象，对那些落后的学生、平庸的员工，也就是那些无名者是巨大的吸引，会促使他们进一步全力奋斗，以此来推动自身的发展。其消极作用是：一个学生如果没能正确看待自己取得的成绩，一个员工因自己受到了领导的重视和奖励就过分沾沾自喜，结果往往使其中一些人会因为自己的不规矩言行而受到别人的嫉妒或排挤，也会因没有清醒的自我认识和没有理智态度而居功自傲，在人生的道路上跌跟头。

超限效应：做事要把握好分寸

心理学家解释说，人接受任务、信息、刺激时，存在一个主观的容量，超过这个容量，人就不愿意认真对待这些任务了。

++

在生活中，你是否有这样的体会，在课堂上，或者在听讲座时，如果对某

个你还算感兴趣的问题，教师宣布“针对这个问题，我们有3点要讲”的时候，你会认真听，甚至会试图记下这3点。然而，当教师宣布“针对这个问题，我们有10点要讲”的时候，你便顿时失去了听下去的兴趣！在工作中，同事今天麻烦你帮忙做一件事，你欣然接受，不觉得有什么。而后接二连三地要求你帮助他解决问题，你也许碍于面子，不会推脱。但如果他一天之内，连续要求你做几件事情，你是否就会烦躁，甚至会翻脸呢？

之所以出现这些现象，是因为“超限效应”的影响。心理学家解释：人接受任务、信息、刺激时，存在一个主观的容量，超过这个容量，人就不愿意认真对待这些任务了。

在心理学领域，大家广泛借用美国著名作家马克·吐温的一件轶事来解释超限效应：

有一次，马克·吐温在教堂听牧师演讲。最初，他觉得牧师讲得很好，使人感动，准备捐款。过了10分钟，牧师还没有讲完，他有些不耐烦了，决定只捐一些零钱。又过了10分钟，牧师还没有讲完，于是他决定，1分钱也不捐。到牧师终于结束了冗长的演讲，开始募捐时，马克·吐温由于气愤，不仅未捐钱，还从盘子里偷了2元钱。这种刺激过多、过强和作用时间过久而引起极不耐烦或反抗的心理现象，被称之为“超限效应”。

在家庭教育中，一些家长错误的教育方法，正是“超限效应”的具体表现。父母都望子成龙、望女成凤，当孩子不用心而没考好时，父母会一次、两次、三次，甚至四次、五次重复对一件事作同样的批评，使孩子从内疚不安到不耐烦，最后感到讨厌，最终也就有了逆反心理。被“逼急”了，就会出现“我偏要这样”的反抗心理和行为。之所以会这样，是因为家长的批评超过了一个度，而没有适可而止。

心理学启示

“超限效应”给我们的启示是,做事时要把握好一个量和度,做过了头,刺激过多、过强或作用时间过久,往往会引起对方心理极不耐烦或逆反,这样会事与愿违,而中国传统的中庸哲学所讲的就是中正、中和可以有效地对抗超限效应的发生。

在生活中也存在着这样的现象,比如看电视剧时,中间经常会穿插一些广告,对于广告设计人员来说,一个创意很好的广告,第一次被人看到的时候,令人赏心悦目;第二次被人看到的时候,会让人用心注意到他宣传的产品和服务。但如果这样好的广告要在短时间内大密度轰炸,就会令人产生厌恶感。所以,专业人士在做广告宣传时需要有一定的密度,需要从多角度刺激消费者的感官,但要适可而止。

鲶鱼效应:生存需要积极竞争

竞争和生存危机对人的心理和个人发展有重要影响,只有在压力和挑战下,人才不会松懈,才不会在安逸中走向灭亡。

++

在挪威,很多人都酷爱食用沙丁鱼,那里的渔夫在海上捕到沙丁鱼后,如果能让他活着抵港,卖价就会比死鱼高好几倍。但是,由于沙丁鱼生性懒惰,不爱运动,返航的路途又很长,因此捕捞到的沙丁鱼往往一回到码头就死了,即使有些活的,也几乎奄奄一息。

但奇怪的是，有一位渔民的沙丁鱼总是活的，而且很生猛，所以他赚的钱也比别人的多。该渔民严守成功秘密，直到他死后，人们才打开他的鱼槽，发现只不过是多了一条鲶鱼。

原来当鲶鱼装入鱼槽后，由于环境陌生，就会四处游动，而沙丁鱼发现这一异己分子后，也会紧张起来，加速游动，如此一来，沙丁鱼便活着回到港口。这就是所谓的“鲶鱼效应”。运用这一效应，通过个体的“中途介入”，对群体起到刺激竞争的作用，它符合人才管理的运行机制。

心理学家研究这种现象，总结出：鲶鱼是一种生性好动的鱼类，并没有什么十分特别的地方。然而自从有渔夫将它用作保证长途运输沙丁鱼成活的工具后，鲶鱼的作用便日益受到重视。沙丁鱼，生性喜欢安静，追求平稳。对面临的危险没有清醒的认识，只是一味地安逸于现有的日子。渔夫，聪明地运用鲶鱼好动的作用来保证沙丁鱼活着的数目，在这个过程中，他也获得了最大的利益。

“鲶鱼效应”在自然界普遍存在。科学家曾观察过大自然中的鹿群，他们发现，如果一个鹿群的活动区域里没有狼等天敌，它们缺少危机感，不再奔跑，身体素质就会下降，这个鹿群的整体繁衍就会大受影响。

联系人类的生活和工作，我们发现，那些缺乏竞争的组织，其生命力远远不如在激烈竞争中磨练出来的组织。因此，心理学家告诫我们，如果你的组织内部缺乏活力，效率低下，那么不妨引入一些“鲶鱼”来，让它搅浑平静的水面，让“沙丁鱼”们都动起来。

心理学启示

通过对“鲶鱼效应”的分析，我们知道竞争和生存危机对人的心理和个人发展有重要影响，只有在压力和挑战下，人才不会松懈，才不会在安逸中走向灭亡。也只有在压力和挑战下，人才能居安思危，不停地奋斗以立足于这个社会而不被淘汰。也只有这样,人们才能充满活力,整个人类社会才能青春永驻。

一位心理系学生对于“鲶鱼效应”给出了这样的分析:渔夫采用鲶鱼来作为激励手段,促使沙丁鱼不断游动,以保证沙丁鱼活着,以此来获得最大利益。对于“鲶鱼”来说,在于自我实现。鲶鱼型人才是企业管理所必需的。鲶鱼型人才是出于获得生存空间的需要而出现的,而并非是一开始就有如此的良好的动机。对于鲶鱼型人才来说,自我实现始终是最根本的。对于“沙丁鱼”来说,在于缺乏忧患意识。沙丁鱼型员工的忧患意识太少,一味地想追求稳定,但现实的生存状况是不允许沙丁鱼有片刻的安宁。“沙丁鱼”如果不想窒息而亡,就应该也必须活跃起来,积极寻找新的出路。

亲和效应:让别人感到你是“自己人”

在人际交往和认知过程中,往往存在一种倾向,即对于自己较为亲近的对象,会更加乐于接近。

++

人都喜欢待在熟悉的环境里,和熟悉的、和善的朋友交流。这不仅让我们觉得没有危险,而且这种氛围更具感染力。很多时候,我们经常说起某个人天生有人缘儿,即使在一个陌生的环境,只要一开口,马上就会调动起周围人的情绪,受到大家的喜爱。而有的人,即使心怀善意、满脸堆笑,但也很难快速融入一个新的环境中,顺利地和其中的人交流。心理学家认为,人缘好的人,他们在有意或无意中利用了心理学上的“亲和效应”,其中关键点是:挖掘共同点,成为自己人。

在交际应酬中,人们往往会因为彼此间存在着某种共同之处或近似之

处，从而感到相互之间更加容易接近。而这种相互接近，通常又会使交往对象之间萌生亲切感，并且更加相互接近，相互体谅。交往对象由接近而亲密、由亲密而进一步接近的这种相互作用，就是所谓的“亲和效应”。

心理学上通常用“自己人”来形容这种亲和关系。在现实生活里，人们往往更喜欢把那些与自己志向相投、利益一致，或者同属于某一团体、组织的人，视为“自己人”。因为是“自己人”，所以会感到相互之间更加容易接近。而这种相互接近，则通常又会使交往对象之间萌生亲切感，并且更加相互接近，相互体谅。

在心理定式作用下，“自己人”之间的相互交往与认知必然在其深度、广度、动机、效果上，都会超过“非自己人”之间的交往与认知。建立这种“自己人”关系的首要一点，就是找出自己与周围人的共同之处，它可以是血缘、姻缘、地缘、学缘、业缘关系，可以是志向、兴趣、爱好、利益，也可以是彼此共处于同一团体或同一组织。

俗话说，自己人好办事。这充分说明建立亲和关系的积极作用。在我们与他人的交往过程中，可以多谈谈“咱们自己”的事儿，自然就会形成一个个亲密关系联盟。至于不是“自己人”的，最好也要尽量往“自己人”的方向靠。人类本来就是一个大家庭，若有心寻找共同点，总会有所发现的。

美国作家赛珍珠在第二次世界大战期间，曾发表过对中国人民的广播演讲，这篇演讲深深地打动了中国人的心。在演讲中她是这么说的：“我今天说话不完全站在一个美国人的立场，因为我也是一个中国人。我一生的大半时间，都在中国度过。我出生 3 个月，就被父母带到了中国。我开口说话的时候，又是先说的中国话。我小时候跟着父母，并没有住过什么通商大埠。数十年间，我们到过浙江、江苏、江西、湖南、安徽、山东各省的小城市、小村庄，清浦、镇江、丹阳、岳州、蚌埠、徐州、南州……这些地方，是我最熟识的。可是我最爱的，是中国的农田乡村。我长大后，又在南京住了 17 年。我曾亲眼看见南京在几年之内，由一个古旧的城市变成一个新型的都市。但是无论我住在什么地方，我与中国人相处，都亲如同胞。因为小的时候，我的游伴是中国孩子;成人以后,来往的又是中国的朋友们。现在我人虽已归故国,心中却没有忘掉旧日的朋友。所以今天我要以这两种身份说话。我既在中国长大成人,又在美国住了多年,受了双方的教育,有了双方的经验,我觉得我是属于两个国家的。”

赛珍珠一再提及中国人熟悉的地名,强调自己与中国人关系密切,对于听众而言,这些熟悉的地方风土人情和自己的种种经历立刻历历在目,而一个陌生的外国演讲者此时似乎也成了曾经同行的旅伴,国籍的界线模糊了,一种亲切感油然而生。

如果是面对面的交谈,还有一种“自暴隐私”的小技巧,对增强我们的亲和力也很有效果。

一般而言,在交谈中,人们往往担心自己真实情感的暴露,并试图隐瞒自己的隐私,以防对方对自己产生不好的感觉。但现在为什么反行其道呢?原来这种说话技巧的奥妙在于它克服了人们认生的心理。初次见面,一个高明的谈话者会满不在乎地闲聊这样的话:“我儿子上课老搞小动作,对那孩子我可真是操了不少的心呀!”或者“昨天我家先生不小心把烟头掉在了自己的外衣上,结果烧了一个大窟窿。”……听者怎么也想不到对自己很陌生的人会说这么多的贴心话,对自己这么亲近,于是很感动,在不知不觉中便安下心来融洽地闲聊了。

自曝隐私的做法可以让人迅速放下自己的戒备心理,引导对方也敞开心扉,轻而易举地与他人构建起亲密的关系。能够表现自己亲和力的人,很容易在社交中获得别人的好感,结识更多的朋友。

心理学启示

在现实生活中,人们往往更喜欢把那些与自己志向相同、利益一致,或者同属于某一团体、组织的人,视为“自己人”。在其他条件大体相同的情况

下，所谓“自己人”之间的交往效果往往会更为明显，其相互之间的影响通常也会更大。

在人际交往和认知过程中，往往存在一种倾向，即对于自己较为亲近的对象，会更加乐于接近。“物以类聚，人以群分”，每个人的社交圈，实际上都是以自己为原点，以年龄、爱好、经历、知识层次等共同点为半径构成的无数同心圆。共同点越多，圆与圆之间重叠的面积越大。共同的语言也越多，也越容易引起对方的共鸣。因此，在与他人交流时，一定要留意共同点，并不断把共同点扩大化，对方谈起来才会兴致勃勃，谈话才会深入持久。

责任分散效应：时刻做好你自己

如果是要求一个群体共同完成任务，群体中的每个个体的责任感就会较弱，面对困难或遇到担当责任时往往会退缩。

++

随着人年龄的增长，“责任”这两个字在心里的分量越来越重。人的一生也在不断发生着角色的变化，从儿童到老年，从是别人的儿子到成为爷爷等。人要变得成熟，就需要扛起自己的责任，调整心理，积极地改变自己的生活。

在心理学领域，有一个关于责任的效应——“责任分散效应”。

一天夜里，在美国纽约郊外某公寓前，一位年轻女子在结束酒吧工作回家的路上遇刺。当时她绝望地喊叫：“有人要杀人啦！救命！救命！”听到喊叫声，附近住户亮起了灯，打开了窗户，凶手吓跑了。当一切恢复平静后，凶手又返回作案。当她再次叫喊时，附近的住户又打开了电灯，凶手又逃跑了。当她认为已经无事，回家上楼时，凶手又一次出现在她面前，将她杀死在楼梯上。在这个过程中,尽管她大声呼救,她的邻居中至少有38位到窗前观看,但无一人来救她,甚至无一人打电话报警。这件事引起纽约社会的轰动,也引起了社会心理学工作者对“责任分散效应”的深入研究。

有两位年轻的心理学家为了研究“责任分散效应”,做了这样一个实验:

他们让72名不知真相的参与者分别以一对一和四对一的方式与一位假扮的癫痫病患者保持距离,并利用对讲机通话。他们要研究的是:在交谈过程中,当那个假病人大呼救命时,72名不知真相的参与者所做出的选择。事后的统计显示:在一对一通话的那些组,有85%的人冲出工作间去报告有人发病;而在有4个人同时听到假病人呼救的那些组,只有31%的人采取了行动。

看到别人遭遇紧急情况时,在没有旁人的情况下,如果只有一个人能提供帮助,这个人会清醒地意识到自己的责任,责任感在人的内心更为沉重,同时,道德意识的约束更促使他做出积极的行动。而如果有许多人在场的话,帮助求助者的责任就由大家来分担,造成责任分散,每个人分担的责任很少,旁观者甚至可能连他自己的那一份责任也意识不到,从而产生一种“我不去救,会有别人去救”的心理,造成“集体冷漠”的局面。

在不同的场合,人们的援助行为其实是不同的。这就是“责任分散效应”的影响。

心理学启示

心理学家称,“责任分散效应”也称为“旁观者效应”,是指对某一件事来说,如果是单个个体被要求单独完成任务,责任感就会很强,会做出积极的反应。但如果是要求一个群体共同完成任务,群体中的每个个体的责任感就会很弱,面对困难或遇到要承担责任时往往会退缩。因为前者独立承担责任,后者期望别人多承担责任。“责任分散”的实质就是人多不负责,责任

不落实。

在现实生活中，由于分工导致的责任分散，会使得这种“责任分散效应”经常发生。那些缺乏团结意识和凝聚力的人，可能觉得团体中的别人没有尽力工作，为求公平，于是自己也就减少努力。人们也可能认为个人的努力对团体微不足道，或是团体成绩很少一部分能归于个人，个人的努力难以衡量，与团体绩效之间没有明确的关系，故而降低个人努力，或不能全力以赴地努力。这是“责任分散效应”的另一方面的表现。

齐加尼克效应：消除紧张心理

一个人在接受一项工作时，就会产生一定的紧张心理，只有任务完成，紧张才会解除。

在一节消除紧张情绪的心理课上，听到过这样一个故事：

本杰明·哈里森是美国第23届总统，在1888年竞选这一天，他作为候选人很平静地在等候最终的结果。他的主要票仓在印第安纳州。印第安纳州的竞选结果宣布时已经是晚上11点了，一个朋友给他打电话祝贺，却被告知哈里森在此之前早已上床睡觉了。

第二天上午，那位朋友问他为什么睡这么早。哈里森解释说：“熬夜并不能改变结果。如果我当选，我知道我前面的路会很难走。所以不管怎么说，休息好不失为是明智的选择。”

休息是明智的选择，因为工作会带来压力。哈里森明白这一点，但他也许不知道自己所要对付的，实际上是因工作压力所致的心理上的紧张状态。在心理学上，这种状态被称为“齐加尼克效应”。

对于任何人来说,紧张都是难以避免的。有关专家把紧张分为两种,一种是积极性的紧张,他能激发人在面对困难时做出正确的、有益的回应;另一种是消极性的紧张,他让人感觉自己无助而脆弱。消极性紧张大多困扰着人的成长,它使你不敢表现自己,遇事不能展现自己的真实水平,这还会使你产生恐惧的心理。

长期的精神紧张危害更大,据调查统计,在造成人类死亡的十大死因当中,在第二次世界大战前主要是传染病,而在战后则变成了与精神因素(也就是紧张)有密切相关的心脑血管病、癌症和事故等。

在心理学领域,"齐加尼克效应"是指:因工作压力导致心理上的紧张状态。它源于法国心理学家齐加尼克曾经做过的一次很有意义的实验。

一天,齐加尼克将自愿受试者分为两组,让他们去完成20项工作。在此期间,齐加尼克对一组受试者进行干预,使他们在路上工作而未能完成任务,而对另一组则让他们顺利完成全部工作。实验得出不同的结果:虽然所有受试者接受任务时都显现一种紧张状态,但顺利完成任务者,紧张状态随之消失;而未能完成任务者,紧张状态持续存在,他们的思绪总是被那些未能完成的工作所困扰,心理上的紧张压力难以消失,他们的精神状态在短时间内也越来越糟,无法平复。

心理学家分析说,通过对齐加尼克效应的研究分析得知:一个人在接受一项工作时,就会产生一定的紧张心理,只有任务完成,紧张才会解除。如果任务没有完成,则紧张持续不变,这种情绪积压在心底无法宣泄,会给自己的生理和心理带来严重的影响。

心理学家在一个笼子里放着甲、乙两只猴子,甲猴可以自由活动,乙猴则被捆着,不能动。科学家每隔20秒给它们一次电击,把电击前出现的灯光作为信号。在笼子里有一拉杆开关,灯亮时甲猴去拉拉杆,两只猴子都可避免电击;乙猴因被捆着,无法拉杆,只好"听天由命"。但甲猴必须时刻警觉,一见灯光就要立即拉杆,以免受电击,处在一种十分紧张的情境之中。结果,经过一个月的实验,甲猴因过度紧张不能支持下去而死去,解剖后发现

有严重的胃溃疡，乙猴却安全无恙。

故事中的甲猴因唯恐受电击的情绪所累，处在一种极端紧张的状态之中，从而造成了悲剧。乙猴因不能动，处在坐以待毙的状态，反而情绪比较安稳，从而免于紧张造成的死亡。这就是长期受紧张情绪困扰的影响。

心理学启示

对于大多数白领阶层来说，特别是那些脑力劳动负荷比较大的人，其工作节奏日趋紧张，心理负荷亦日益加重。由于头脑持续而不间断的活动，由此产生的紧张压力感也往往持续存在。

美国行为医学专家布鲁斯·门罗根据自己多年对克服“齐加尼克效应”的研究，提出克服“齐加尼克效应”的诀窍就在于找到一种办法，让人们感到自己拥有某种程度的控制力，尽管目前实际上是不可能加以控制的。有时候，这意味着需要人为制造控制，比如走到卫生间里冲厕所。这种行为，看起来是毫无意义的，却能够打破持续不断的“齐加尼克效应”的循环，使得当前应激物所产生的影响分流到其他事务中。此类手段有助于将压力导向可以利用的水平，在这个水平上，人们获得控制感，将不良压力转为良性压力。

苏东坡效应：让自己处在庐山外

如果一个人对自己的认识有明显的偏差，就会使人产生不适当的情绪和行为反应。

++

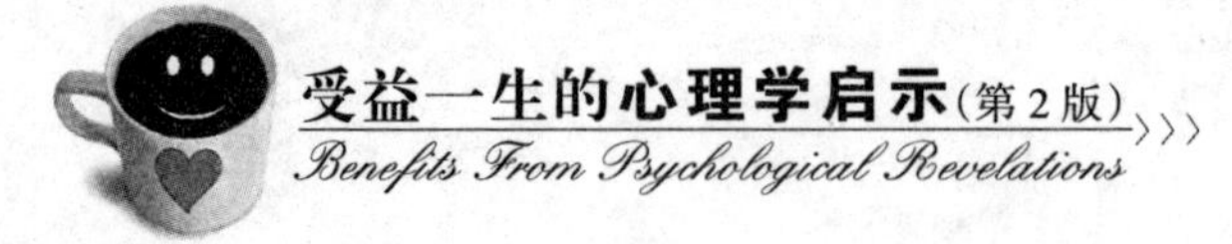

苏东坡是我们熟悉的北宋著名文学家、书画家、散文家、诗人、词人,他的作品至今仍被人们交口称赞、广为传颂。也许你也可以背诵出他创作的几句诗,但或许你并不知道,在心理学领域,心理学家在研究“自我”时,通过对“不识庐山真面目,只缘身在此山中”的联想,把那些明明自己就拥有“自我”,却偏偏不自悟,或者仅是个模模糊糊认识的反应,命名为“苏东坡效应”。

有这样一个真实的故事,很好地反映了“苏东坡效应”的实质:

本世纪初,有个叫拉赛尔·康维尔的美国牧师,以“宝石的土地”为题在美国巡回演讲。他的演讲使整个美国卷入了激情的漩涡。据说他举行了多达6000次的讲演,其内容如下:从前印度有个叫阿里·哈弗德的富裕农民,为了寻找埋藏宝石的土地而变卖了家产,出外旅行,终于穷困而死。可是,此后就有人从他卖出的土地里发现了世界上最珍贵的宝石。康维尔引用这个真实的故事,并用大量的实例说明,人们向他人所寻求的,恰恰是自己手中的东西。

一位心理学家在课堂上讲了一个古代笑话:一位解差押解和尚上府城。住店时和尚借机把他灌醉,又为他剃光头,然后逃走了。解差醒来后发现少了一人,大吃一惊,继而一摸光头转惊为喜:“幸而和尚还在”;可随之又困惑不解:“我在哪里呢?”

这种人在现实生活中也许并不存在,一个理智正常的人,不会糊涂到如此地步。然而,不能真正认识“自我”,却是很多人共同面临的难题,仍需要他们更积极地学习和思考。

“自我”这个犹如自己手中的东西,往往难以正确认识;从某种意义上来讲,认识“自我”比认识客观现实更为困难。在古希腊奥林匹斯山上,有一座

特耳菲神殿，神殿里的一块石碑上刻着先知的一句话：人，认识你自己。它是如此的简单，却又是那么难以实现。人们对自我的认识需要一个漫长的过程，自我，也就是这么一个“陌生的朋友”，既十分熟悉，又常常令人困惑。它是你“自己手中的东西”，然而往往熟视无睹，似乎远在天边，神秘缥缈得很。自我意识是人类特有的心理现象。个体的活动离不开自我，自我客观地存在于个体的活动中。自我对于个体的活动具有不言而喻的重要性。

矮个子拿破仑说：“我比阿尔卑斯山还高！”那是因为他清楚自己的军队实力强于对手，否则他一越过阿尔卑斯山就会成为敌人的俘虏。我们每个人都会说了解自己，但是，这种自我的认识是否准确客观，是否符合自己的实际情况，却很少有人去思考和反省。事实上，是否正确地认识自己，直接影响我们的心理健康。如果一个人对自己的认识有明显的偏差，就会使人产生不适当的情绪和行为反应：要么自负、自傲、目中无人，认为成绩都是自己的功劳，失败都是别人的错误；要么自卑、自责、害怕见人，一切的过失都觉得是自己的无能所致。毫无疑问，这些情绪和行为都会影响个体的人际关系和工作学习效率，继而会影响其情绪和产生不安的行为，形成恶性循环。

邻里效应：交往越多越亲密

心理学家分析，人们在互动过程中，总是不由自主地力图以最小的代价换取最大的报酬。

++

人的心理有时很奇怪，害怕他人发现自己内心深处的情感，又想被别人接受和理解。因此，人在下意识里，都喜欢和那些看似与自己亲近的人交往。

中国人有句老话，“远亲不如近邻，近邻不如对门儿”。这说明居住距离越近的人,交往次数越多,关系越亲密。在社会心理学领域,这就叫做"邻里效应"。

1950年,美国有三位社会心理学家对麻省理工学院17栋住宅楼中的已婚学生进行了调查。这是些二层楼房,每层有5个单元住房。住户住到哪一个单元,纯属偶然。哪个单元的老住户搬走了,新住户就搬进去,因此具有随机性。调查时,所有住户的主人都被问道:在这个居住区中,和你经常打交道的、最亲近的邻居是谁?统计结果表明,居住距离越近的人,交往次数越多,关系越亲密。在同一层楼中,和紧隔壁的邻居交往的几率是41%,和隔一户的邻居交往的几率是22%,和隔三户的邻居交往的几率只有10%。多隔几户,实际距离增加不了多少,但是亲密程度却有很大不同。

拥有丰富的人际关系是每一个现代人的需要。可是,现实生活中,很多人的这种需要都没有得到满足。"邻里效应"反映的实质是:你如果想拥有更多的朋友,你就应该首先和他们亲近。

一位心理学家在讲述"邻里效应"时引用了这样一个故事:

"怎么了,鲍勃?"他妈妈问,"你为什么那么不高兴?"

"没人跟我玩。"鲍勃说,"我真希望我们还是住在盐湖城没有搬来。我在那儿有朋友。"

"在这儿,你很快会交上朋友的。"他妈妈说,"等着瞧吧!"

就在这时,响起了轻轻的敲门声。米勒太太打开门。

门口站着一位红发妇女。

"你好,"她说,"我是凯里太太,住在隔壁。"

"进来吧,"米勒太太说,"我和鲍勃都很高兴你来。"

"我来借两个鸡蛋,"凯里太太说,"我想烤个蛋糕。"

"我可以借给你,"米勒太太说,"别着急,请坐一坐,我们喝点咖啡,说会儿话吧。"

那天下午,又有人敲门,米勒太太打开门。

门外站着一个满头红发的男孩。

“我叫汤姆·凯里。”他说，“我妈妈送你们这个蛋糕，还有两个鸡蛋。”

“哎呀，谢谢，汤姆。”米勒太太说，“进来吧，和鲍勃认识一下。”

汤姆和鲍勃差不多一样的年龄，不一会儿，他们吃起了蛋糕，喝着牛奶。鲍勃问：“你能待在这儿跟我玩吗？”

汤姆说：“可以，我能待一个小时。”

“那么，我们打球吧。”鲍勃说，“我的狗也想跟着一起玩。”

汤姆发现跟小狗一起玩很有意思，他自己没有狗。

“我很高兴你住在隔壁。”鲍勃说，“现在有人跟我玩了。”

“妈妈说我们很快会成为好朋友的。”汤姆回答说。

鲍勃说：“我很高兴你妈妈需要两个鸡蛋。”

汤姆笑了。

“她并不是真的需要鸡蛋，”汤姆说，“她只是想跟你妈妈交朋友！”

人与人之间的交往需要技巧，在每个人的心底，其实都存有一个友善的想法：多结交一些朋友。很多人之所以缺少朋友，仅仅是因为他们在人际交往中总是采取消极的、被动的退缩方式，总是期待友谊和爱情从天而降。他们被“邻里效应”所束缚，很难与更多陌生的与自己有一定距离的人成为朋友。

心理学启示

有一位心理学家曾经做过一个十分有趣的研究，他把学生们的名字按字母顺序排列起来，然后再按这个顺序安排教室座位和宿舍房间。6个月后，要求学生说出3个最亲近伙伴的名字。他竟然发现，学生的朋友都是在名字字母顺序上和自己相近的人，确切的数据是平均相差4.5个字母。

然而在现代社会紧张繁忙的生活中，人与人之间的关系日趋冷漠，人们同住一层楼，却对面不相识的现象并不少见。“邻里效应”的影响在不知不觉中弱化。在社交活动中,很多人都存有一种保护心理。心理学家分析,人们在互动过程中,总是不由自主地力图以最小的代价换取最大的报酬。和邻近者交往,比和距离远的人交往所付出的代价小。这主要是了解对方容易,只花相对小的工夫,就能获得关于对方的某些信息,容易预测对方的行为。能够预测对方的行为,就可以在和他交往时产生一种安全感。甚至有些人总抱有这样的消极想法:"如果你对我好,我肯定给予热情的回报;如果你不理会我的存在,我也不会主动靠近你。"这些人,只做交往的响应者,不做交往的始动者。

卢维斯效应:让谦虚的心为人生护航

王阳明曾说,人生大病,只是一"傲"字。如果你失去谦虚的心,就意味着你患上了危险的病症。

++

人的心理往往都很复杂,有的人习惯骄狂,有的人自感卑贱。他们都不能很好地把握自己的心理,以致给自己的人生之路制造了更多的困难。而那些保有谦虚心态的人,到头来会得到更多的收获。

心理学家说,谦虚并不是虚假傲慢而妄自尊大,也不是自我贬低而卑躬屈膝。而是把握好自己的心理,以平和的态度对待事情。

美国的富兰克林是颇具谦虚美德的著名政治家,他真正认识谦虚的重要性还有一段不寻常的经历:

一次,富兰克林去拜访一位前辈,进门时,被低矮的门框狠狠地撞了一下,头部被撞得又红又肿。这时候,来迎接的前辈告诉他说:"很疼吧?但这将成为你今天拜访我的最大收获。要想平安无事地活在世上,就必须时时

记得低头。这也是我要教你的事情，不要忘了。"

从此，富兰克林牢牢记住并时刻体味这番话，并把低调和谦虚列为自己最重要的生活方式之一，无怪乎会获得"美国之父"的赞誉。

一位心理学家在课堂上讲过这样一个寓言，以此告诫学生们保持谦虚心态的重要：

鹰王和鹰后从遥远的地方飞到远离人类的森林。它们打算在密林深处定居下来，于是就挑选了一棵又高又大、枝繁叶茂的橡树，在最高的一根树枝上开始筑巢，准备夏天在这儿孵养后代。

鼹鼠听到这个消息，大着胆子向鹰王提出警告："这棵橡树可不是安全的住所，它的根几乎烂光了，随时都有倒掉的危险，你们最好不要在这儿筑巢。"

这真是咄咄怪事！老鹰还需要鼹鼠来提醒？你们这些躲在洞里的家伙，难道能否认老鹰的眼睛是锐利的吗？鼹鼠是什么东西，竟然胆敢跑出来干涉鸟大王的事情？

鹰王根本听不进鼹鼠的劝告，立刻动手筑巢，并且当天就把家搬了进去。不久，鹰后孵出了一窝可爱的小家伙。

一天早晨，正当太阳升起来的时候，外出打猎的鹰王带着丰盛的早餐飞回家来。然而，那棵橡树已经倒了，它的鹰后和它的子女都已经摔死了。

看见眼前的情景，鹰王悲痛不已，它放声大哭道："我多么不幸啊！我把最好的忠告当成了耳边风，所以，命运就对我给予这样严厉的惩罚。我从来不曾料到，一只鼹鼠的警告竟会是这样准确，真是怪事！真是怪事！""轻视从下面来的忠告是愚蠢的，"谦恭的鼹鼠答道，"你想一想，我就在地底下打洞，和树根十分接近，树根是好是坏，有谁还会比我知道得更清楚呢？"

谦虚是一个人气度的表现。王朔的《我看金庸》一文是对金庸小说进行猛烈攻击的第一篇文章，但金庸对此没有拍案而起，也没有竭力争辩，更没有反唇相讥，他只是心平气和地说："王朔先生的批评，或许要求得太多了些，是我能力所做不到的，限于才力，那是无可奈何的了。我与王朔先生从未见过面,将来如到北京待一段时间,希望能通过朋友介绍而和他相识。”

不指责对方的言过其实,反承认自己才华有限,且向对方伸出热情之手,希望与对方交朋友。在这里,金庸不仅做到了以诚待人,也做到了以礼待人。金庸此番话犹如播种分币却收获了大额钞票——王朔闻听此言大受感动,坦言:“比起金庸来,的确让我惭愧。”

金庸对王朔的指责所做出的反应,很多旁观者都认为太软弱了些。他们认为,金庸先生可以选择的方式很多,他可以提笔应战,以自己的博大精深,反衬王朔痞子式的浅薄;也可以置若罔闻,表示“我和你不是一个水平线上的人。”但是金庸却认认真真地回应了,尊重对手,按规则办事,也许看起来不够犀利爽快,但也表现了他谦虚开明的大家风范。

美国心理学家卢维斯指出,谦虚不是把自己想得很糟,而是完全不想自己。以公平的态度,真诚地对待每一个人。

心理学启示

王阳明曾说,人生大病,只是一“傲”字。如果你失去谦虚的心,就意味着你患上了危险的病症。谦虚就是接受有关我们自己的事实,在我们对自己的看法中求得平衡。美国心理学家卢维斯说,谦虚不是把自己想得很糟,而是完全不想自己。我们要以公平的态度,真诚地对待每个人。在工作和生活中,保持谦虚的态度,不但有利于提升我们的能力,也可以与别人建立良好的人际关系。

卢维斯在分析谦虚心理时,指出了在生活中的几点应用。第一,做人首先谦虚。如果把自己想得太好,就很容易将别人想得很糟;第二,谦虚要有个度,所以也不要把自己想得很糟;第三,要处理和把握好谦虚的尺度,对自己不懂的或懂得不够的要谦虚学习;对工作职责中本应该由自己完成的,要尽自己的才能去完成,不能因过分谦虚而失去显示自己才华的机会。

细看心理现象，细微处改变你的命运

人的心理受到外界的影响，时刻都在发生变化。心理世界的奇妙不亚于一个浩瀚的海洋，其中既拥有众多我们不了解的神秘领域，也有那些我们了解却很难琢磨的心理反应。为什么平时成绩优秀的学生考试时表现失常?一周之内哪天心理最疲累? 为什么会出现习得性无助状态? 这些在周围社会情境下，在他人或人群的影响下，你心理上的主观感觉与变化和心理活动的各种表现，都会影响你的生活，甚至会在影响你作出判断和行动的同时，改变你命运的轨迹。

詹森心理：为什么发挥失常

心理学家说，“詹森效应”在各类人身上都有体现，特别是当他们面对重大、关键的场合的时候，更易发挥失常。

++

在现实生活中，我们经常能发现这样一种现象：有些学生，平时考试成绩一直很优秀，上课时的表现，也经常被老师称赞，是成绩优秀的尖子生；有些运动员，在备战时，成绩已经打破了世界纪录，是夺金的热门选手，可到真正比赛时，取得的成绩却很难令人满意，甚至让人大跌眼镜。这种受某些因素影响，在关键时刻不能完全发挥自身水平的现象，心理学家称之为“詹森效应”。

之所以用詹森的名字命名，来源于这样一个小故事：

有一名叫丹·詹森的运动员，平时训练非常刻苦，实力雄厚，但在体育赛场上却连连失利。经过分析，人们发现他平时表现良好，但由于缺乏应有的心理素质而导致竞技场上的失败，从此，“詹森效应”就被心理学家广泛研究。

詹森效应可以视为是人一种浅层的心理疾病，是将现有的困境无限放大的心理异常现象。

翻看中国运动员参加历届大赛的战绩史，受詹森效应影响的人也不难找到。2004 年雅典奥运会是中国在此之前，参加奥运会取得成绩最好的一届。当时被寄予夺金厚望的中国男子体操世界冠军李小鹏，在男子单项比赛中发挥失常，仅获得一枚双杠铜牌。否则，中国的金牌榜上，会再添一枚宝贵的金牌。据媒体报道，同样是他，在 2003 年世界体操锦标赛却获得了两个项目的冠军，而且他也是 2000 年悉尼奥运会的双杠金牌得主。由此我们不能说他没有夺金的实力，事实上，他在赛后接受采访时表示，这次发挥失常的主要原因是某些特殊情况给自己带来了较大的压力,心理紧张。

同样是在这届奥运会上,中国女排以3:2战胜俄罗斯队,赢得了奥运冠军,又一次成为国人的骄傲。女排精神在中华人民共和国国歌奏响、国旗升起的时刻,又一次光彩绽放。

在这场比赛的过程中,中国女排开局就处于被动,在没有调整过来的前提下,先负于俄罗斯队两局,不能再失局的中国队在第三局并没有出现人们意料中的慌乱,打得依然有板有眼,除了其间出现一次平分外,比分更是一路压着对手。就这样,赢回信心的中国姑娘笑到了最后。由此,我们不得不说是中国女排良好的心理素质战胜了对手。很多运动员总结:在胜败取决于最后几个球的关键时刻,谁能保持沉着冷静的状态,拥有更好的心理素质,谁就能赢得最终的胜利。

随着奥运会世界影响的扩大,某些国家为了提升运动员的实力和战绩,请心理学研究人员深入分析这类大战时就表现平平的运动员的心理特征,得出了以下结论:"实力雄厚"与"赛场失误"之间的唯一解释只能是心理素质问题,主要原因是得失心过重和自信心不足造成的。

有些平时"战绩累累"、出类拔萃的运动员,由于受大家的追捧和利益的熏染,造成一种心理定式:只能成功不能失败,再加上赛场的特殊性,社会、国家、家庭等方面的厚望,使其患得患失的心理加剧,心理包袱过重,如此强烈的心理得失困扰自己,怎么能够发挥出应有的水平呢?另一方面,在心理压力的作用下,比赛的信心也会受到较大的影响,由此产生怯场心理,束缚了潜能和能力的发挥。

心理学启示

心理学家说,"詹森效应"在各类人身上都有体现,特别是当他们面对重大、关键的场合的时候,紧张的氛围、无形的压力等,潜移默化地敲击着他

们的内心，使得他们发挥失常，错失机会。在日常生活中，有些名列前茅的学生在高考中屡屡失利，有些实力相当强的运动员却在赛场上发挥异常，饮恨败北等，这都是“詹森效应”的实例。心理学家为了引导他们解决这一问题，给出了几条建议。

首先，要认清“赛场竞争”的目的，其得出的只是个结果，不会对你自身产生多么严重的后果，从而克服恐惧感。赛场并不可怕，只是比平常正规一些而已，以一颗平常心对待，尽量想一些平常生活中的事，这种紧张感会有所缓解。其次，要平心静气地走出狭隘的患得患失的阴影，不贪求成功，只求正常地发挥自己的水平。赛场是高层次水平的较量，同时也往往是心理素质的较量，“狭路相逢勇者胜”，信心越强、心态越平和，相信自己平时的水平和一分耕耘必定有一分收获，这样往往更能取得令人满意的结果。

亏欠心理：人总是寻找心理平衡

很多人都认为，人情债不要欠，欠了最麻烦，由此也可以看出亏欠心理的影响。

人的本性都是善良的，即使是最恶毒的人，他也会在某个时刻，展现善良的一面。正因如此，那些心地善良的人，更容易产生亏欠别人的心理，而且一定要通过某种行动，把这种心里的感受变淡或使之消失。

有这样一个真实的事例：

周末时，阿郎和同事一起去参观一条古街，一位热情的导游带领他们四处游览。在街的尽头有一座小寺庙，导游说若信佛可前去参拜。他们想既然已经到了此地不妨一探究竟。入庙后，住持立即要他们将包放在门口，送上两炷香,说是免费送的。然后,他要阿郎在佛祖面前许愿,听着师傅的磬声虔诚地跪拜。阿郎很急切地想将香插好完事,住持却说,施主入庙时没有洗手,只能由师傅代插,还说要到偏侧的内室里为他诵经。随后,他拿出护身符和功德簿,要阿郎写下心愿,以便他每日为阿郎虔诚祷告。在填写了姓名、生日和心愿之后,当然还要填写香油钱、公德钱。师傅还说独木不成缘,意思要写两位数的金额。周旋一番,阿郎一共给了几十元钱,才离开寺庙。但有趣的是,虽然无端端地花了一些钱,表情却显得很兴奋。

心理学家在分析这个事例时,把阿郎兴奋感的获得归结于亏欠心理的缓和。

住持送上两炷免费香、为阿郎诵经、在护身符和功德簿写下心愿,方便主持每日为他虔诚祷告:这些举动解除了阿郎刚进庙时的抗拒和排斥心理,对方先施"恩惠",使当事人形成"亏欠"感,于是在后来就心甘情愿地留下一定的香油钱。

这种由于觉得自己在某方面亏欠别人,而自主或不自主地补偿别人的做法,在生活中普遍存在,这也可以看做人际交往中的一个心理潜规则。

美国空军的著名战斗机试飞员鲍伯·胡佛经验丰富,技术高超。在长长的试飞生涯中,顺利地试飞了许多机型。有一次,他接受命令参加飞行表演,完成任务后他飞回洛杉矶,在途中,飞机突然发生故障,问题十分严重,飞机的两个引擎同时失灵。他临危不惧,果断、沉着地采取了措施,奇迹般地把飞机迫降在机场上。飞机降落后,他和安全人员检查飞机的情况,发现造成事故的原因是用油不对,他驾驶的螺旋桨飞机,用的却是喷气式飞机的用油。负责加油的机械师吓得面如土色,见了胡佛便痛哭不已。因为他一时的疏忽可能会造成飞机失事和3个人的死亡。胡佛并没有对他大发雷霆,而是上前轻轻抱住那位内疚的机械师,真诚地对他说:"为了证明你能干得好,我想请你明天帮我完成飞机的维修工作。"这位机械师后来一直跟着胡佛,负责他的飞机维修。此后,胡佛的飞机维修从来没有发生过任何差错。生活中的很多事情都是这样,对于大错误,其实不需别人指责,别人早已自

责内疚了。如果此时你谅解对方，他就会产生强烈的亏欠心理，从而会时刻想着伺机图报。

心理学启示

在第一个案例中，住持的行为造成了阿郎心理上的亏欠感，由于心理上觉得过意不去，所以就会主动给予补偿和回报。其实住持原本就是抱着造福苍生的心理每日诵经念佛的，香油钱只是为了维持寺庙的经营和自己的生存，他们只是虔诚地为人们祈福，无私地付出，但在无意间却利用了人们的亏欠心理，获得了相应的回报。

有心人会发现，亏欠心理在其他方面也经常有所体现。你为他人多付出些，别人多半会领你的情，在某些事情上给予你帮助或方便。也许他不能立即回报你，但他会在心里记着你对他的付出，等待时机，回报你。

自尊心理：每个人都有获得尊重的需求

自尊心是一个人身上最为宝贵的财富，当你不懂得尊重自己的时候，也就很难奢望别人会尊重你。

++

心理学家说，每个人都有获得尊重的需求和心理。正是这种自尊心理使得很多人在关键时刻，显露出自己最原始的东西，表现出一种无形的、强大的力量。

许多年前，一个挪威年轻人想要报考在音乐界享有盛名的巴黎音乐学院,于是他漂洋过海,来到了法国。尽管他已经尽了全力,将自己的水平发挥到最佳状态,但主考官还是没看中他。

在法国待了几天,年轻人已经身无分文了,他只好在离音乐学院不远的街上拉琴赚点小钱。他的琴声美妙动听,吸引了很多人驻足聆听。几曲结束后,年轻人拿起琴盒,人们纷纷掏钱放入其中。这时,一个无赖把钱扔在了年轻人脚下,年轻人看了看他,弯下腰把地上的钱拾起来递给他说:"先生,您的钱掉在地上了。"这个无赖接过钱,重新扔在年轻人脚下,并傲慢地说:"这钱是给你的,拿去吧。"年轻人看了看无赖,深深地对他鞠了个躬,有礼貌地说道:"先生,谢谢您的慷慨。刚才您的钱掉在地上了,我帮您捡了起来,现在我的钱掉在地上了,请您帮我捡起来吧。"

无赖听到年轻人这么说,真是出乎意料,最后,他没什么别的办法,只好把地上的钱捡起来放在了年轻人的琴盒里面,然后灰溜溜地走了。

围观的人都看到了这一幕,其中有一位正是年轻人的主考官,他将年轻人带回音乐学院,并录取了他。年轻人叫做比尔·撒丁,几年后,他成了挪威小有名气的音乐家。

心理学家告诫那些性情狂妄的人,尊重别人是一个人有修养的表现,诋毁、轻视、侮辱别人,除了会带给你些虚荣心的满足之外,不仅不会表现你优秀的人品,反而会破坏你的形象,有时甚至会使你处于尴尬的境地。

珍妮的故事也许会让你对自尊心理有更深刻的理解:

珍妮曾经在美国的一家快餐店打工。有一天,珍妮错把一小包糖当做咖啡伴侣给了一位女顾客。女顾客非常恼火,因为她很胖,正在减肥,必须禁食糖和一切甜点心。她大声嚷嚷,"哼,她竟然给我糖!难道她还嫌我不够胖?"

那时,珍妮完全不懂减肥对美国人有多么重要,珍妮愣在那里,不知所措。这时,黑人女经理闻声而来,她在珍妮耳边轻轻地说:"如果我是你,马上道歉,把她要的快给她,并且把钱退还她。"珍妮照着做了,再三道歉,那女顾客哼了几下就不出声了。事后,珍妮等着经理来批评自己。可是她

过来对珍妮说:“如果我是你,下班后我大概会把这些东西认认真真熟悉一下,以后就不会拿错了。”不知怎么,这一句“如果我是你”,竟令珍妮十分感动。

后来,珍妮在学校上课,在其他地方打工,老师也好,老板也好,明明是对你提出不同意见,明明是批评你,他们很少会有人责问,你怎么做得这样?你以后不能这么干!而是常常委婉地说:“如果我是你,我大概会这样做……”这使珍妮不感到难堪,反而感到有那么一点温暖,那么一点鼓励。

话语具有强大的力量,关键看你怎么说。换一种说法,不去责备别人,而是用建议的口吻说“如果我是你……”就让自己一下子站到了对方的立场,使对方感受到尊重,这样消除了对立的情绪,沟通便更容易进行,也建立了彼此友好的关系。

心理学启示

在人的内心深处,都希望别人尊重自己,甚至崇拜自己。自尊心是一个人身上最为宝贵的财富,当你不懂得尊重自己的时候,也就很难奢望别人会尊重你。当我们在生活中陷入低谷的时候,往往要承受很多来自别人的轻视甚至是蔑视的眼光,这时我们切记要挺起胸膛做人,保护自己的尊严。

在与人交往的过程中,自己首先要尊重自己,对人要坦诚而不虚伪。这样的人才会受到别人的尊重和喜爱。不要抱怨别人不懂得尊重你,首先想想,在面对好处的诱惑时,你是否保持了正直的一面,你是能忍住不伸手还是以为没人知道就做了不该做的事呢?等到吃亏上当时,后悔已晚。

破窗理论:事事都要防微杜渐

如果第一扇窗户被打破后不及时修好,就很可能会带来无法弥补的损失。

++

美国斯坦福大学心理学家詹巴斗突发奇想,曾进行了一项很有启发性的实验:

他找了两辆外观一模一样的汽车,把其中一辆摆在一个中产阶级社区,而另一辆摆在相对杂乱的一个社区。他把后一辆车的车牌摘掉,并且把顶打开。结果不到一天,这辆车就被人偷走了。而前一辆车摆了一个星期也安然无事。后来,詹巴斗用锤子把那辆车的玻璃砸了个大洞。结果仅仅几个小时后车就不见了。

后来,美国政治学家威尔逊和犯罪学家凯琳受到这个实验的启示,提出了一个现在我们所说的"破窗理论":如果有人打破了一个建筑物的窗户玻璃,而这扇窗户又得不到及时维修,别人就可能受到某些暗示性的纵容去打烂更多的窗户玻璃。久而久之,这些破窗户就给人造成一种无序的感觉。结果在这种公众麻木不仁的氛围中,犯罪心理就会滋生得更快。

"破窗理论"是人心理的一种潜在的效应。每个人在心里都有一个准则,也有一个大家公认的行为准则。如果这个公认的行为准则遭到破坏,却没有得到相应的反应,那么个人行为的堤坝也会出现漏洞,久而久之,就会走入溃堤的境地。

"破窗理论"在犯罪行为中体现得较为直接,其主要应用在管理上。一位管理学家讲过这样一个故事:

现今企业之间激烈的竞争不仅要求产品要质量一流，而且需要不断提升核心竞争力，制度化建设成为一种卓有成效的措施。但是，现实的情况往往是制度多，有效的执行少。长此以往，企业的发展会很尴尬。对公司员工中发生的小奸小恶行为，管理者要引起充分的重视，适当的时候要小题大做，这样才能防止有人效仿，积重难返。

有一家规模不大的公司，在发展了几十年后，逐渐走入困境。究其原因，主要是公司的老板没有管理理念，很少炒员工鱿鱼。

这一天，资深车工王凯在切割台上工作了一会儿，就把切割刀前的防护挡板卸下放在一旁。没有防护挡板，虽然埋下了安全隐患，但收取加工零件会更方便、快捷一些，这样王凯就可以赶在中午休息之前完成三分之二的工作。

当上午的工作快结束时，车间巡视的主管看到了王凯的做法。主管雷霆大怒，令他立即将防护板装上后，又站在那里大声训斥他半天，并声称要作废王凯一整天的工作。

糟糕的事情还在后面，第二天刚上班，王凯就被通知去见老板。老板说："身为老员工，你应该比任何人都明白安全对于公司意味着什么。你今天少完成了零件，少实现了利润，公司可以换个人换个时间把它们补起来，可你一旦发生事故、失去健康乃至生命，那是公司永远都补偿不了的……"

离开公司那天，王凯流泪了，工作了几年时间，有过风光，也有过不尽如人意的地方，但公司从没有人对他说不行。可这一次不同，王凯知道，这次碰到的是公司灵魂的东西。

"千里之堤，溃于蚁穴"，这是前人留下来的古训。王凯之所以被炒鱿鱼，是因为公司的老板明白了那些看起来是个别的、轻微的，但触犯了公司核心价值的"小的过错"，很有必要坚持严格管理。不及时修好第一扇被打碎玻璃的窗户，就可能会带来无法弥补的损失。

心理学启示

从心理学的角度分析,“破窗理论”的本质是主张建立一种防范和修复“破窗”的机制,亡羊补牢,并严厉惩治“破窗”者。只有这样,才能防微杜渐,维持秩序和保护集体的行为准则。

心理学家分析,“破窗理论”的直接受益者是公共,是集体,而不是管理者或哪个人。在18世纪的纽约,脏乱差现象严重。1994年,新任警察局长布拉顿从地铁的车厢开始治理:车厢干净了,站台跟着也变干净了;站台干净了,阶梯也随之整洁了。随后街道也干净了,然后旁边的街道也干净了,后来整个社区干净了,最后整个纽约变了样,变整洁漂亮了。也就是说,在公共场合,如果每个人都举止优雅、谈吐文明、遵守公德,往往能够营造出文明而富有教养的氛围。千万不要因为我们个人的粗鲁、野蛮和低俗行为而形成“破窗效应”,进而给公共场所带来无序和失去规范的感觉,更糟糕的是让自己的心理受到这种效应的影响,做出一些有违自己行为准则的事情来。

拉图尔定律:起名的心理

在人的心理作用下,起名时人的联想能力加强,一些容易造成不雅谐音的名字,最好有意回避。

++

一位心理学家就苏珊·拉图尔提出的“一个好品名可能无助于劣质产品的销售,但是一个坏品名则会使好产品滞销”这句话给学生进行了深入

讲析：

不管是人或者物，名字只是一个代号，但起名却是一种复杂的心理活动。英国著名的戏剧家莎士比亚曾经说过，玫瑰不管取什么名字都是香的。实际上并不尽然。中国有句古话，“人靠衣妆马靠鞍”。一个好的品名，对创造一个名牌来说，绝不是无足轻重的。

英国的whisky（威士忌）和法国的brandy（白兰地）都是我们较为熟悉的世界名酒，但据一项调查统计，它们在香港市场的命运迥然不同，白兰地的年销售量高达350万瓶，比威士忌高出近20倍。为什么同为名酒，销售量却相差悬殊呢？

心理学家分析后说，问题出在中文译名上。“威士忌”的名字使人理解为连“威风的绅士都忌”，何况吾等几人，于是避之唯恐不及；而“白兰地”一名使人立即产生一种美好的联想，白兰盛开之地，极其富有诗情画意。

面对一个名字，一般人很少去深思熟虑，只凭第一感觉知道自己的感知，甚至有些人还会望文生义。

中国品牌“娃哈哈”的成功，多少也沾了自己名字的光。在娃哈哈集团的品牌中，“娃哈哈”、“非常”都很有创意。在品牌名称上，似乎就已先胜一筹。“娃哈哈”名称启迪于那首知名儿歌：“我们的祖国像花园，花园里花朵真鲜艳……娃哈哈，娃哈哈，每个人脸上笑开颜。”“娃哈哈”这一名称容易传播，大众化，极具亲和力。大众、亲和、健康、欢乐是其内涵。

为了进军成人市场，娃哈哈集团又推出了“非常”可乐这一主打产品。“非常”这个名称响亮、大气、时尚、优越、欢乐。推出可乐时，也有人主张延伸“娃哈哈”，但是还是最终选择了另创品牌之路。“非常”品牌的推出，弥补了“娃哈哈”概念上的不足，比如其“时尚”、“优越感”要素，也拓宽了集团品牌的定义域，更为重要的是，要挑战可口可乐，用“娃哈哈”品牌不足以显示其气势和差异，就中文名称而言，“非常”显然不逊于“可口”和“百事”。

一个好名字能够成就一个品牌，其对于个人来说，特别是有深厚文化背景的中国人，也有着非同寻常的意义。

众所周知,中国人对名字预示的吉凶有很强的心理反应。在一篇快讯上曾登载过题目是《为讨吉利,港督改名》的文章:

港督与伦敦方面同时宣布,香港第27任总督魏德巍爵士改名卫奕信。他会在4月9日下午抵港,陪同他赴港者包括其夫人及18岁儿子。在情人节即满52岁的新港督,根据普通话读音,总督英文名字的译音"魏德巍",被不少港人批评译错名:"魏"与"巍"双鬼出格,"魏"谐音危,象征不吉利等,新港督于是根据港府提供的意见,决定采纳改名之建议,而港府发言人解释采用上述新名字主要是粤语发音与他的英文名字更为接近。卫奕信这个名字代表了信任与保卫,而"奕"又是精神奕奕的意思。

心理学启示

人名同商品名一样,都会影响形象的建立。在人的心理作用下,起名时人的联想能力加强,一些容易造成不雅谐音的名字,最好有意回避。如李功绩(李公鸡)、韩渊(喊冤)、范婉(饭碗)、谢立婷(药名:泻痢停)、邓佳贝(更加笨)、吕永书(永远输)、沈晶炳(神经病)、陶华韵(桃花运)、杨伟(阳痿)等。

在起名时,还应顾及世俗崇拜心理、排行名与心理、数字心理、绰号心理、审美心理,力求使名字能表示期盼、祝愿、要求、思乡情感、兴趣、爱好等的心理活动。

习得性无助:错误往往悄悄弥漫

一个人经历了挫折和失败后,面对问题时产生的无能为力的心理状态

和行为就是“习得性无助效应”。

++

1967年，有两个心理学家做了一个实验。实验对象是一只饥饿的小狗，实验地点是安装有两块木板的实验室。

第一天，实验人员将木板设置成按A板可得到肉丸子，按B板会被电击。小狗很偶然地按动了A板，结果得到了一个肉丸子；又很偶然地按动了B板，结果被电击了一下。多次尝试之后，小狗终于知道了只有按A板才可以得到吃的。

第二天，A和B两块板的功能调换了。小狗刚开始当然是不断地按A板，可是每次都被电击，于是它尝试按一下B板，居然得到了肉丸子。多次尝试之后，它终于懂得了只有按B板才可以得到吃的。

第三天的情况又发生了变化，无论按A板还是B板，都会被电击，不再有肉丸子。小狗在很努力地尝试了若干次后，终于学“乖”了，趴在地上不肯按任何一块木板。

第四天，两块木板的功能又被调整过了——随便按哪一块板都能得到吃的。但当饥饿的小狗再次进入实验室后，实验者等了又等，学“乖”了的小狗却不再做任何尝试了，甚至把肉丸子放到它的脚边，它都懒得去碰。

心理学家将这个实验的结果称之为“习得性无助效应”。这个效应最早由奥弗米尔和西里格曼发现，后来在动物和人类研究中被广泛探讨。“无助”指的是小狗什么都不愿意尝试的状态，但这种无助不是天生的，而是后天习得的。实验告诉我们这样一个道理：如果你像第三天那样，对小狗所做的任何尝试均报以电击，而没有任何肉丸子的话，小狗就不知道什么才是被鼓励的行为，因而变得无所适从，并从根本上失去自信。

“习得性无助感”在一些精神匮乏、意志不坚定的人身上经常体现。而且，这种“习得性无助感”具有迁移性，它对人的心理是一种深层次的影响。在一个情境中形成的“习得性无助感”会潜藏在意识中，一旦在另一种境遇中遇到挫折和打击,这种“习得性无助”的状态就会再次冒出来。例如,在学校里,那些长期处于后几名的学生,在多次遭受失败和挫折后很容易厌学,他们觉得自己怎么努力,结果都是一样,并因此产生“习得性无助感”,从而把这种“习得性无助感”迁移到其他的学习活动中。又如一个学生的化学成绩糟糕,他可能会把对化学学习的无助感迁移到数学上,从而对学习数学具有畏惧感,信心降低,导致数学成绩下降,进而产生厌学情绪。最终,这种“习得性无助”的感觉会扩散到生活的各个领域中,一个失败者的雏形开始显现。

克服“习得性无助”的状态成为心理学家研究的一个重要课题。对于存在习得性无助状态的学生来说,最好让学生在学习、做题过程中逐步建立起对学习的信心。比如选择一些比较容易的题目,鼓励他们去尝试。当他们做出题目以后就会有一种成就感,就会增加学习的信心和兴趣。

心理学家提出了一种心理训练方法——“形象控制训练法”,来对抗“习得性无助”状态。例如:那些存在“习得性无助”状态的人已经在头脑里建立了自己无能为力消极的自我形象,要想改变这种状态,就要帮助他们在头脑中建立积极的自我形象来代替消极的自我形象。可采用以下几种做法:

1. 尝试坐到舒服的椅子或者沙发上,闭上眼睛,放松心情,做几次深呼吸。

2. 在身体和心理放松之后,逐渐回忆自己以前的一次成功经历。

3. 引导他们想象自己学好某一学科后的美好情景,比如自己快速解出数学难题的逼真情景,自己被领导夸奖后的喜悦感等。

4. 反复做这样的良好自我形象的想象练习,想象得越逼真越好。

5. 当心理状态调整好之后,再让他在这种良好的自我形象下自己选择做一些较容易的事情,然后逐步增加事情的难度,进一步增加他的信心。

心理学启示

在心理学领域，“习得性无助感”属于一种动机障碍。所谓“习得性无助感”，指的是当有机体接连不断地受到挫折后，所产生的一种无能为力、听天由命的心态。

心理学家总结说，一个人经历了挫折和失败后，面对问题时产生的无能为力的心理状态和行为就是“习得性无助效应”。人如果产生了“习得性无助”，就陷入了一种深深的绝望和悲哀中。因此，我们在学习和生活中应把自己的眼光放得再开阔一点，看到事件背后的真正决定因素，不要使自己陷入绝望。同时更要积极引导自己的心理，培养成就感，塑造自己成功者的形象。

工作心理：一周内哪天心理更累

每个普通人在走出校门之时，都不可避免地要面对一件事情——找寻自己理想的工作，努力实现心中的梦想。心理学家通过问卷调查得知，很多人的理想随着步入社会之后发生了变化，理想的难以实现和长期艰苦奋斗的过程让他们心灰意冷，开始失去约束的能力，放任自己，随波逐流。心理学家询问一个接受调查的人，为什么自己的理想会在很短的时间内就消失了呢？他的回答是，工作太漫长了，而成绩的取得却总是给人虚无缥缈的感觉，一个七天接着又一个七天的奋斗，在循环了多个周期后，身心很容易疲惫。虽然现在大多数人一星期可以休息两天，但连续的五个工作日，如果都很平淡的话，也让人很难熬。

这种观点代表大多数人对待工作的感觉吗？心理学家进一步通过调查发现，不少上班族都觉得每逢星期三都需要经过一番挣扎才肯去上班。心理学家总结说，周三通常是一周中情绪最低落的一天。传统观念认为，上班族在经历了周末的休息和娱乐后，周一突然上班会使人情绪低落，无限压抑。但根据心理学家的最新研究，周三处在一周工作日的正中间，上一个周末的快乐已经远去，下一个周末还没有到来，此时人们的情绪会降至一周的最低点。

查尔斯·阿热力教授是悉尼大学心理学专家，他领导的研究小组共对550人进行了调查，提问他们每天的心情。绝大多数人表示周一心情最糟，随着周末的临近会逐渐兴奋起来，其中周五和周六最兴奋。

但是研究小组发现，事实上参与调查者一周的心情变化不大，周一没有想象中那么悲观，周五和周六也没有预期的那么兴奋。查尔斯·阿热力教授说，工作日的程序总是一成不变，到了周末，人们可以自由安排时间，因而可能感到高兴。“事实上，周末并不见得情绪就会高涨，因为他们经常要从事一些别的活动，会消耗大量的体力，劳累程度不亚于上班。不过，谢天谢地，周五总能给我们些幻想。”

心理学启示

每个人对待工作都有自己的理解，积极的人走在成功队伍的前面，他们很可能年轻有为，事业早成。对于那些每周工作五天的人来说，这种工作习惯成为一种规律的时候，在这五天之中，周一和周三人的心理和情绪更容易产生波动，也不利于工作的好好表现。

心理学家分析，当这些白领级人把目光放到那些打工仔身上，发现他们中的一些人一周工作七天，一个月下来也许都没有休息的时间时，他们的心理就会获得安慰，也会感到每周只工作五天是非常幸福的事，对周末的期盼

心理也就更强。

懊悔心理：下一次要做得更好

那些看似愚蠢的、可以避免的错误，往往更容易让人们懊悔不已，尤其是在一些看似能够改变我们人生的重大问题上。

在日常生活中，我们经常能发现这样一种人，他们在做了某些事情之后，因为结果不让人满意、自己有较大的损失、给自己或别人带来了某种无法挽救的伤害等，心理会感到内疚和懊悔，这种感觉在一段时间内很难平复，有时甚至会成为一种心理疾病，影响人的一生。

心理学家通过案例研究分析，不管是因为何种原因产生了懊悔心理，都具有积极和消极两种连锁效果。如果这种懊悔的情绪长期存在，人的精神就会被拽入其中，无暇用心做其他的事情，心里战战兢兢和怀有悔恨感，也会促使一个人无法展现自己正常的状态。对于那些明智的人来说，他们会让这种懊悔情绪变成一种激励自己更加奋发的力量，对于这些属于过去式的东西，过多留恋和被其羁绊，对自己毫无益处。过去无法挽回，往事已成为历史，你再悔恨也不会有丝毫改变，重要的是吸取教训。人的一生当中，最浪费时间的莫过于懊悔。懊悔具有相当大的破坏力，它可以将人的积极上进的好心态彻底摧毁，让人变得萎靡不振。所以，千万不要总是惦念已往的过错，已经发生的事情并不会因你的后悔而有丝毫的改变。

曾在一本心理学著作中读过这样一个故事：

有一位成功精神病学家，执业多年，在精神病学界享有很高的声誉。他在将要退休时，发现在帮助自己改变生活方面最有用的老师，是他所谓的

“四个小字”。头两个字是“要是”。他说:“我有许多病人,把时间都花在缅怀既往上,后悔当初该做而没有做的事,‘要是我在那次面试前准备得好一点……’或者‘要是我当初进了会计班……’”

在懊悔的海洋里打滚是严重的精神消耗。矫正的方法很简单:只要在你的词汇里抹掉“要是”二字,改用“下次”二字即可。当你开始感到懊悔时应该对自己说:“下次如有机会我应该这样做……”

面对那些既往的事情,只会说要是当初怎样的人,永远也走不出懊悔的心理阴影。持有积极心理的人知道,这一次的失败、错误可以是一种有益的教训,下一次,自己可以做得更好。

一位心理学家这样告诫他的学生:人生的道路不是笔直、宽阔、平坦的。无论求学、就业、择偶、成才或是组织家庭,人们都可能遇到各种意想不到的艰难曲折。许多人常常钻不出自我的圈子,他们为自己在曲折中的失误而产生种种懊悔。懊悔意味着人在现实中由于过去的行为而产生惰性。有人认为只要保持懊悔便可改变过去。其实,懊悔并不能改变过去,更不能创造未来,它只会给今天造成不必要的负担。过多的懊悔,还会磨灭对未来的追求。若沉溺于懊悔之中,对人的精神也是一种折磨。

苏联生理学家巴甫洛夫说过:“不要让头经常朝后看,它能够使你木然若失。”面对已经发生的事情,懂得放下,是克制懊悔心理发生消极作用的一个有效的方法。

有一个学生经常为很多事情发愁。他常常为自己犯过的错误自怨自艾;交完考试卷以后,常常会半夜里睡不着,害怕没有考及格。他总是想那些做过的事,希望当初没有那样做;总是回想那些说过的话,后悔当初没有将话说得更好。

他的老师看到了这一切,想要帮他从懊悔中解脱出来。一天早上,老师召集全班到了科学实验室。把一瓶牛奶放在桌子边上。大家都坐了下来,望着那瓶牛奶,不知道它和这堂生理卫生课有什么关系。

过了一会,这位老师突然站了起来,一巴掌把那牛奶瓶打碎在水槽里,

正当学生们惊愕之际，老师大声叫道："不要为打翻的牛奶而哭泣。"

然后他叫所有的人都到水槽旁边，看那瓶打翻的牛奶。

"好好地看一看，"他对大家说，"我希望大家能一辈子记住这一课，这瓶牛奶已经没有了——你们可以看到它都漏光了，无论你怎么着急，怎么抱怨，都没有办法再救回一滴。只有先加以预防，那瓶牛奶才可以保住。可是现在已经太迟了，我们现在所能做到的，只是把它忘掉，丢开这件事情，只注意下一件事。"

不要为打翻的牛奶而哭泣是聪明人对待过去已经发生了的糟糕的事情的积极心理。把注意力转移到下一件事情上，告诉自己下次一定要将事情做好，反而会为你的成功增添无穷的动力。

一个学生曾经总结了自己克制懊悔心理的步骤，在课堂上和大家一起分享：

1. 反复跟自己强调过去无法挽回，往事已成为历史，悔恨是毫无意义的，最明智的做法就是尽力从中吸取教训。

2. 发现并解决根本问题。有时候，悔恨心理常常伴随着复杂的原因，你要问自己：悔恨过去是想在现时逃避什么，然后努力去解决它。

3. 自立价值观念。有许多懊恼往往是寻求别人赞许不成才产生的，你应该有自己的标准。

4. 分析行为后果。客观地分析自己的行为，不要凭直觉，要凭它是否有助于你向前发展。

5. 不受他人控制。明确地对那些力图使你懊悔的人表示：你不会买他们的账。

6. 试试明知故犯。故意做一些自己会感到内疚的事，不必顾忌别人的意见，它将帮助你克服自己在各种环境里产生的懊悔情绪。

心理学启示

在生活中你会发现,那些看似愚蠢的可以避免的错误,往往更容易让人们懊悔不已,尤其是在一些看似能够改变我们人生的重大问题上。我们由于自己的判断失误而犯了重大的错误,然后开始后悔自己当时的行为和决定,而且这种懊悔的情绪往往会维持相当长的一段时间,在这段时间里,我们几乎无法正常工作和思考,犯错误的那一幕时时都会跳出来扰乱我们的情绪,它让人们变得不开心。有的人甚至一辈子都在各种各样的懊悔中度过,他们亲手毁掉了自己本应幸福的一生。

面对已成事实的问题,心理学家指出,我们可以想办法改变刚刚发生的事情所产生的影响,但是我们不可能去改变当时所发生的事情。唯一可以使过去的错误产生价值的方法,就是从错误中得到教训,然后再把错误忘掉。

忍耐心理:沉住气才能成大器

在人成长、成熟的过程中,总要经历各种各样的磨练,忍耐也是其中的一种。

++

现实生活中的很多事情都需要你在忍耐的过程中等待、期盼美好结局的到来,忍耐心理是一把双刃剑,当你用它对准那些折磨你的人、困扰你的事情的时候,往往会较容易实现很大的突破;而一旦你没有足够的力量握

紧它、掌控它，等它对准你自己的时候，煎熬、痛苦，甚至是伤害便会接踵而来。

忍字头上一把刀！这把刀让你痛，也会让你痛定思痛。这把刀，可以磨平你的锐气，但也可以雕琢出你的勇气。关键是看你如何把握忍耐心理。

内托今年刚从学校毕业，在一场招聘会上，他很走运地被一家石油公司看中。随即被总公司分配到一个海上油田工作。

工作的第一天，工头便要求他，要在限定时间内登上几十米高的钻井架，并将一个包装好的漂亮盒子，送到最顶层的主管手中。他拿着盒子，迅速登上又高又窄的舷梯。当他气喘吁吁地登上顶层后，只见主管在盒子上签了自己的名字，又让他送回去给工头。他一接到命令，连忙又快速地跑下舷梯，并把盒子交给工头。但是，没想到工头草草签完名字之后，又原封不动地交给他，要求他再送回去给顶层的主管。年轻人看了看工头，却又不知道要如何发问，只得乖乖地跑上顶层。然而，主管这回同样只在盒子上签名，便又要他送回去。

年轻人就这样来来回回，莫名其妙地上下跑了两次，心里隐约感觉到，这一切似乎是主管与工头故意刁难他。直到第三次，这个全身都被海水溅湿的年轻人，内心已经充满熊熊怒火，不过他仍然强忍着怒气。当他第三次将盒子送来给主管时，主管这回则说："把它打开。"年轻人将盒子拆开后，里头居然是一罐咖啡与一罐奶精，这会儿他更可以确定，这是主管与工头联合起来欺负他。他愤怒地看着主管，但是主管仿佛一点儿也没感觉似的，接着又对他说："去冲杯咖啡吧！"这个命令一下，年轻人再也忍不住了，用力把盒子摔到海面上，气愤地说："我不干了！"说完之后，他感觉痛快许多，因为一肚子的怒火全部发泄出来了。但是，主管却失望地摇了摇头，并对他说："孩子，你知道刚刚这一切，其实是一种训练啊！这叫做承受极限的训练，因为我们每天都在海上作业，随时都可能会遇到危险，因此，工作人员都必须要有极强的承受力，才能完成海上的作业与任务。"

主管叹了口气说："唉！原本你前面三次都通过了，就差那么一点点，你无缘喝到自己冲泡的好咖啡,真是可惜！现在,你可以走了。”

忍耐是一种承担、一种处理、一种等候,是走向成熟、成功的一个过程。谚语云:“万事皆因忙中错,好人半自苦中来。”要成就一件事情,须观察时机,等待机会,急躁和不懂忍耐只会坏事。

人心要正,更要有积极的忍耐心理,忍耐并非懦弱,只因你看得更远,有更大的追求。

新东方总裁俞敏洪在他的博客里讲过一个关于捡砖头的故事:

俞敏洪的父亲是个木工,常帮别人建房子,每次建完房子,他都会把别人废弃不要的碎砖瓦捡回来,有时候父亲在路上走,看见路边有砖头或石块,他也会捡起来放在篮子里带回家。

久而久之,家里的院子就多出了一个乱七八糟的砖头碎瓦堆。直到有一天,俞敏洪的父亲在院子一角的小空地上开始左右测量,开沟挖槽,和泥砌墙,用那堆乱砖左拼右凑,建成了一个让全村人都羡慕的院子和猪舍。

当时俞敏洪只觉得父亲一个人就盖了一间房子,很了不起。长大后,俞敏洪才从一块砖头到一堆砖头,最后变成一间小房子中体悟到做成一件事情的全部奥秘。

“一块砖没有什么用,一堆砖也没有什么用,如果你心中没有一个造房子的梦想,拥有天下所有的砖头也是一堆废物;但如果只有造房子的梦想,而没有砖头,梦想也没法实现。”家里穷得揭不开锅的时候,要不急不躁,学会忍耐,要积攒足够的砖头来建造心中的房子,捡砖头的精神后来就成为俞敏洪做事的指导思想。

或许你仍在向往一帆风顺,可是面对现实的曲折人生,所谓的一帆风顺也只能是心灵的一种慰藉。唯有奋斗不息,才能够成为命运的主人,而在这一步步的努力中,你必须学会忍耐。

心理学启示

我们生活的世界里，只要有人存在的地方，就会有争吵存在，无时无刻都需要你具有忍耐的心理。在人成长、成熟的过程中，总要经历各种各样的磨练，忍耐也是其中的一种。忍耐不是逆来顺受，不是消极颓废，也不是在沉默中悄然降下信念的帆。忍耐是当一根火柴燃烧到一半的时候，接受另一半炙热的煎熬。

人活一世，更多的时候需要忍耐，而不伤原则的忍耐往往比无谓的抗争有价值得多！罗曼·罗兰曾说："只有把抱怨别人和环境的心情，化为上进的力量才是成功的保证。"经受别人的考验、提升自身的张力，你才会在人头攒动的人海中脱颖而出。

犹豫心理：摧毁你人生美景的炸弹

心理学家告诫人们，在需要做出选择时，不应将各种可能的结果单纯地视为对的或错的。

++

人的一生是由一个个选择构成的，每一个选择都决定了你以后的人生道路。正是因为人们知道自己在某种特定情况下做出的判断的重要性，害怕做出错误的判断，得到错误的结果，也就滋生了犹豫心理的蔓延。

从前有一头毛驴，它拥有两堆草料。它饿了，可是站在两堆草料中间，是去左边还是去右边呢？往左边走走……嗯，还是去吃右边的比较好；往右边走了几步……还是觉得去左边那堆好了。走走又回头,回头又走走,于是,这头幸运的、富有的毛驴,就这样在两堆草料间活活地饿死了。

这个故事当然是有点夸张,可是,不要以为人就不会做这样的傻事。因为人比毛驴聪明,思考能力强,在前思后想中,更容易犹豫不决,失去机会。

很多人面对的最简单的犹豫就是,一件事情,你可以做出两种不同的选择来处理,但此时你不知道选哪种好;有时只有一种选择时,你还会犹豫做还是不做,这种犹豫不决的状态,常常会耽误了事情的进展。有些人无法摆脱面对选择时的犹豫心理,就养成了做事拖沓的习惯,总是强迫自己、为难自己,在两者之间徘徊,结果就是选择放弃,什么都不去做,最终落得一事无成。

一个穷小子和一个富家小姐相识并相爱了,但是他总觉得两人的身份不太匹配,所以不敢过于表现自己的热情。有一天,这个年轻人很想到他的恋人家去,找他的恋人出来,一块儿消磨下午的时光。但是,他又犹豫不决,不知道究竟应不应该去,恐怕去了之后,或者显得太冒昧,或者他的恋人太忙,拒绝他的邀请。于是,他左右为难了半天。最后,他勉强下了个决心,坐上一辆三轮车去了。

车子终于停在他恋人的门前了,他虽然后悔来,但既然来了,只得伸手去按门铃。现在他只好希望来开门的人告诉他说:“小姐不在家。”他按了第一下门铃,等了3分钟,没有人答应,他勉强自己再按第二下,又等了2分钟,仍然没有人答应。他如释重负地想:“全家都出去了。”

于是,他带着一半轻松和一半失望回去了。心里想:这样也好,但事实上,他很难过,因为他又失去了一个与恋人相聚的机会。

你能猜到他的恋人现在在哪里吗?他的恋人就在家里,她从早晨就盼望这位先生会突然来找她。她不知道他曾经来过,因为她家门上的电铃坏了。那位年轻人如果不是那么犹豫不决,如果他像别人有事来访一样,按电铃没有人应声,就用手拍门试试看的话,他们就会有一个快乐的下午了。但是,他并没有下定决心,所以他只好徒劳而返,让他的恋人也在暗中失望。

很多时候，机会已经站在了你的身旁，只要你坚定地伸出你的臂膀，挽住她的腰，她就会倾心于你。与其相反的是，很多人都曾想挽着她的腰，但又担心她的心不属于自己。就在这反复思考之时，机会已经悄然从你身边溜走了。

受到犹豫心理干扰的人，总是诸事不顺。为消除犹豫心理，心理学家告诫人们，在需要做出选择时，不应将各种可能的结果单纯地视为对的或错的，好的或坏的，甚至不应视为更好或更坏，只需把他们看做不同的出路而已。只要自己勇敢地走下去，每一条路，都是正确的，只是其中的坎坷和风景不同。这样，你就能颠覆犹豫，大胆地行事了，此为其一。

其二，你要明确自己选择的目标，明确做事的目的。例如，你来到电子卖场买一台显示器，首先你就应明确是买台式的，还是买液晶的；要买多大尺寸，价位定在哪个档次。将目标确定了，再去看货，才不至于被售货员的商品推销弄得无所适从。

其三，要善于应变，遇事不乱方寸。任何事情都不是很单纯的，智者千虑，仍有一失，你考虑得再细致，事到临头也会有些意外情况。这使意志薄弱者最容易陷入犹豫的陷阱。因此需要冷静，需要遇事不慌。要用意志来约束自己，排除干扰，避免选择的失误。

其四，不要轻易听从别人的意见。由于人的文化素养不同，生活阅历有别，爱好、兴趣也不一样，对任何事情出现不同看法是正常的现象。而犹豫者最容易在这种不同看法面前吃败仗，所以对来自不同角度的不同声音，不必盲从，不必随声附和。只要认为自己选择的是正确的，就不必在意那些闲言碎语。犹豫心理就会渐渐消失。

心理学启示

对于那些谨慎和追求完美的人来说，犹豫心理是他们最大的敌人。面对一件事要做出抉择时,前怕狼,后怕虎,是意志薄弱的表现,是犹豫心理的前兆。意志是人意识的能动作用的表现。它是人在认识客观事物时,自觉地确定行动目的并选择适当的手段,通过克服困难达到自己预定目标的心理过程。意志薄弱,就是欠缺意志的抵抗力,故而又称意志欠缺。它的典型表现就是容易被外来暗示所左右,感情脆弱,胆小怕事,缺乏主见,无法自做决定,即使已经决定,也常常反悔,使得犹豫心理更加严重。

很多人面对多种选择或一些重要的选择时,会惶恐不安,束手无策。他们不知道也不敢做出任何的选择,只能在那里犹豫不决,看着机会从自己的手中溜走。其实,在社会上打拼了许多年的人通常有这样的经验:很多时候,你越想思考周全,防止纰漏,结果却往往事与愿违。要知道,生活中原本需要非常谨慎的事并不太多,就算是真正的大事,也很难真正找到万全之策,一再犹豫不会使事情自动向好的方向发展。不过如果敢行事,即使是走错了,或许还能尽早补救。

掩饰心理:自欺欺人更可悲

一个人身上有缺点或犯了错误并不可耻,敢于面对,才是君子的行为。

人总想时时刻刻把自己好的一面展现给别人,从而想尽办法掩饰自己不好的一面。特别是当错误出现时,这种掩饰的心理更为强烈。他们总要为自己找千般理由,作为掩饰的借口,使自己堂而皇之地脱身。在他们眼里,理由就是用来掩饰过错的。人们经常说,解释就是掩饰,作为解释的依据,理由也就免不了为虎作伥的嫌疑。凡是犯了过错,理由总是众多的、主观的、客观的、偶然的、必然的、乃至不可抗的。但理由终究也只是理由,于

事无补是它最大的特性。纵有万般理由结局也不会改变，能做的无非是掩饰真相，欺骗众人以博取同情。可谁又会为这过错埋单，到头来还是编织了千百条理由的自己，不过是在这过错的账单上再加上一笔理由的支出。更甚者，也就是为自己的下一个过错预先铺设借口。

掩饰总是需要理由给自己垫背，殊不知，掩饰其实是一个连环套，最后被套住的往往是想掩饰的那个人自己。当掩饰自己过错的人是那些手握重权的大官时，这种掩饰心理表露得越强，祸害也就越大。

三国时期，袁绍与曹操在官渡决战的前夕，田丰对袁绍说："曹操善于用兵，通晓变化，他的兵马虽少，但不可轻视。不如采取持久战的办法。您占据险要的地势，又有众多的兵马，可以外结英雄，内修农事，然后以精锐为奇兵，不断骚扰曹操。他救右则击其左，救左则击其右，让他疲于奔命，民不安业，不出两年就可以打败他。现在您不采取长胜之策，与曹操决胜败于一战，万一不如意，后悔就晚了。"袁绍不但不听，反而认为田丰是在涣散军心，把他囚禁了起来。

后来，官渡之战中袁绍果然大败而归，有人对田丰说："先生真有远见。袁绍一定会对您加以重用。"田丰说："袁绍心胸狭窄，他如果取胜，我还能活；现在他打了败仗，证实了我对他错，我恐怕活不成了。"果然，袁绍回来后，对左右说："我不听田丰的话，现在要受他的耻笑了。"便将田丰杀害。

当一个人犯了错误的时候，就会不自觉地想掩饰错误，不想因为一点点小错而毁坏自己的形象。也很有可能因为这种心理，而一错再错，最终伤害自己。

在一堂心理课上听过这样一则寓言：

有一只猫，对于自己的过失总是百般掩饰。老鼠逃掉了，它说："我看它太瘦，等以后养肥了再说。"到河边捉鱼，被鲤鱼的尾巴打了一下，它说："我不是想捉它，捉它还不容易？我就是要利用它的尾巴来洗洗脸。"

后来，它掉进河里，同伴们打算救它，它说："你认为我遇到危险了吗？不，我在游泳……"话没说完，它就沉没了。"走吧，"同伴们说，"它又在表演潜水了。"

这只猫终于因为自己的一再掩饰而断送了性命,现实生活中得到这种结果的人不多,但和猫一样,有着相似掩饰过程的人,肯定大有人在。他们在掩饰心理下自欺欺人,生活在虚无之中。

还有一部分人,他们为了保持自己最好的形象,总是想掩盖自己的缺陷。例如身高太矮、长相稍丑等。这是一种正常的心理需求,但如果这种需求太过强胜,以至于影响自己的正常生活和人际交往,就不可取了。

心理学启示

很多人在犯了错误或是发现了自身的缺点后,在心里不愿意承认或无法接受,就会想尽千方百计来掩饰这种过错。他们不愿意让人知道自己的窘迫和尴尬处境,于是便制造出一些谎言来欺骗别人,其实更主要的是欺骗自己。然而,你是否意识到,自己并没有因为谎言的得逞而好过,反而还要为了掩饰这个谎言再去编造另外一个谎言,一连串的掩饰不仅没有让我们轻松,反而感到身心俱疲。

一个人身上有缺点或犯了错误并不可耻,敢于面对,才是君子的行为;百般掩饰,逃避责任,很可能就会落得与小人为伍。掩饰只会给自己的心理带来更大的负担,除此之外,没有其他益处。

从众心理:多数的并不一定是正确的

从众心理是指由一个人或一个团体真实的或是臆想的压力所引起的人的行为或观点的变化。

++

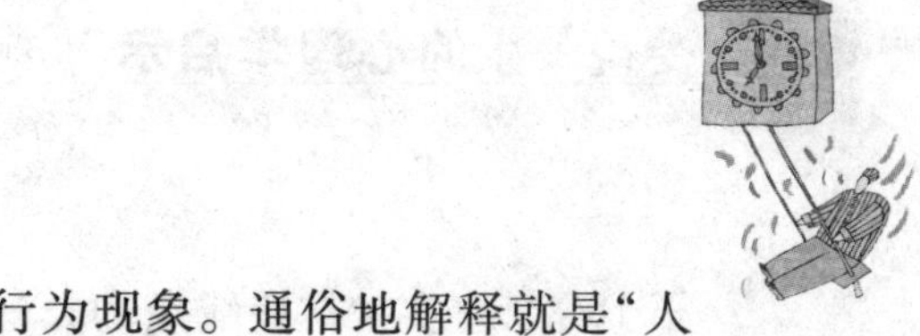

“从众”是一种比较普遍的社会心理和行为现象。通俗地解释就是“人云亦云”、“随大流”；大家都这么认为，我也就这么认为；大家都这么做，我也就跟着这么做。人是群居的动物，因此，人的从众心理更为强烈。

有一个心理学家曾做过这样一个简单的实验：在一个繁华的闹市区，他站在人头攒动的街道上，抬头看着湛蓝的天空，若有所思地托着下巴，不时地发出肯定的声音。他的举动渐渐受到街上的人的注目，起初是因为好奇，有人过来询问心理学家在干什么，他缄口不答，依旧保持着仰望的姿态。过了几分钟，围观的人越来越多，他的身边站了十几个人，他们也在那里往天空看，虽然其间也有人转身离去，但离开的人，远远不如加入的人多。半个多小时过去了，这个路口聚集了几百人，在从众心理的作用下，他们做出同一个举动——抬头仰望蓝天。

这个实验虽然是个个例，其中也有好奇心理的作用，但不可否认，从众心理对这一行为起着主导作用。

这是从众心理在现实生活中的一个表现。美国心理学家所罗门·阿希在多年前也设计实施了一项实验，用以研究从众心理。后来，这个著名的实验就以阿希的名字命名。

在心理学领域，“阿希实验”是研究从众现象的经典心理学实验，是指个体受到群体的影响而怀疑、改变自己的观点、判断和行为等，以和他人保持一致。阿希实验是研究人们会在多大程度上受到他人的影响，而违心地进行明显错误的判断。

在实验进行之前，阿希发布消息，招募来了几位大学生志愿者。他告诉他们这个实验的目的是研究人的视觉情况。当某个来参加实验的大学生走进实验室的时候，他发现在他之前已经有 5 个人先来了，并依次坐下，他只能坐在第 6 个位置上。事实上他不知道，其他 5 个人是跟阿希串通好了的实验人员，也就是我们现在俗话说的“托儿”。

当被测试者就位后，阿希拿出一张画有一条竖线的卡片，然后让大家比较这条线和另一张卡片上的 3 条线中的哪一条线等长。阿希要求他们判断了18次,事实上这些线条的长短差异很明显,普通人很容易就能做出正确判断。

然而,在两次正常判断之后,5个"托儿"故意异口同声地说出一个错误答案。于是他开始迷惑了,是坚定地相信自己的眼力呢,还是说出一个和其他人一样,但自己心里认为不正确的答案呢?

结果当然是不同的人有不同程度的从众倾向,但从总体结果看,平均有33%的人判断是从众的,有76%的人至少做了一次从众的判断,而在正常的情况下,人们判断错的可能性还不到1%。当然,还有24%的人一直没有从众,他们按照自己的正确判断来回答。

在印度流传着这样一个故事:

在很久以前,有一婆罗门对祭祀特别虔诚。有一次,他从别的村庄找了一只又肥又大的羊,准备回去用它举行祭祀礼仪。

有三个流氓看到他扛着这只又大又肥的羊,垂涎三尺,就密谋着从三条道迎面向这个婆罗门走去,施计得到这只羊。

第一个流氓碰到婆罗门说:"哎呀,你怎么做这样可笑的事,把一只肮脏的狗扛到肩上。"婆罗门非常生气地对他说:"你瞎眼了,把祭祀的羊看成狗。"流氓就说:"婆罗门,你不听我的话,我也没有办法。你自己愿意就随便好了。"说完,这个流氓走了。

没走多远,第二个流氓走了上来。对婆罗门说:"哎呀,你就是喜欢一只死了的狗,也不要把它扛在肩上呀。这不太好吧!"婆罗门非常气愤,对他说:"你怎么把祭祀的羊看成狗,真是瞎了眼。"那个流氓说:"婆罗门,你不要发火,你自己愿意别人也管不了呀。"说完也走了。

又没走多远,第三个流氓走了上来。他对婆罗门也说着同样内容的话,硬是把一只羊说成是一条狗。婆罗门把他也怒骂了一通。

三个流氓走了后,婆罗门就不断地想着他们三人的话。"这明明是羊啊。他们三人为什么都说这是一只死狗呀?"他又想,"不好,这如果要真是只狗,我还把它扛在肩上,实在是太可怕了。因为碰到死狗的人会遭到不

测呀!”

婆罗门边走边想，越想越害怕，这要真是狗怎么办。最后，他说服不了自己了，竟真以为自己扛的是一只死狗。他赶忙停了下来，扔掉了这只自己亲手讨来的肥羊，然后一路跑着回家去了。他要回去把满身的秽气和不吉利赶紧洗掉。

三个流氓看着婆罗门把羊扔掉，终于如愿以偿了。他们三人兴高采烈地扛着那只肥羊走了，然后美美地饱餐了一顿。

心理学启示

从众心理在人们的生活中普遍存在，现代心理学家解释说，从众心理是指由一个人或一个团体真实的或是臆想的压力所引起的人的行为或观点的变化。其表现为在没有分清正误的大多数人的一致判断面前，轻易否定了自己的观点，以此博得别人认为的正确。这也就是我们平常所说的“随大流”。

从众心理在日常生活中经常显现。如论证某一观点时，大多数人意见一致，自己很孤立，内心不安，开始忐忑，最终从众。心理学家通过进一步研究发现，不同类型的人，从众行为的程度也不一样。一般来说，女性从众多于男性；性格内向、有自卑感的人多于外向、自信的人；文化程度低的人多于文化程度高的人；年龄小的人多于年龄大的人；社会阅历浅的人多于社会阅历丰富的人。

野心心理：做不一样的自己

野心不是一种无根据的狂妄，而是一种人生在世的伟大理想，一定要实

现的宏伟目标。

++

不管是什么样的人,都曾期待自己有一天能够飞黄腾达,成就一番伟大的事业。但每个人最终的结果却相差很远。究其原因,就是因为野心心理的影响。

一位心理学家在课堂上讲过这样一个故事:

法国富翁巴拉昂去世之后,《科西嘉人》报上刊登了一份他的特别遗嘱:

我曾是一个穷人,但当我跨进天堂大门时,我却是个人人羡慕的富翁。作为一个虔诚的基督徒,我并不想独自享有我的致富秘诀。我把我的致富秘诀保存在法兰西中央银行的私人保险箱中,保险箱的钥匙分别在我的律师和两位代理人手中。谁若能答对我的问题,他就能得知我的秘诀,并且会得到我衷心的祝贺。不过,那时我已不在这个世上,但是他可以从我的保险箱中拿走我为他准备的100万法郎,那是我给予他最好的掌声。我的问题是:穷人最缺少的是什么?

这份遗嘱一经刊出,立刻引起了轰动,每天《科西嘉人》报都会收到来自全国各地的大量信件。答案五花八门,但是大部分的人认为,穷人最缺少的就是金钱,所以他们需要那100万法郎去完成他们的梦想。另外,还有的人认为,穷人最缺少的是最佳的机会,是独有的技能,是来自他人无私的帮助……

一年后,在巴拉昂的逝世周年纪念日那天,巴拉昂的律师和代理人遵照他的遗愿,在公证部门的监督下打开了那个保险箱。

答案出来了。在79865封来信中,只有一位叫做蒂芙的小姑娘答对了巴拉昂的问题。她的答案是,穷人最缺少的是野心,也就是成为富人的野心。

当主持人问蒂芙为什么会想到这个答案时,蒂芙说:“每次妈妈把我最爱的布丁收起来的时候,都会严肃地告诉我‘不要有野心,不要有野心’!但是我总是不能放弃对布丁的喜爱,事实证明,我总会成功地吃到更多的

布丁!”

你不敢去想象你的未来吗？如果你连想象的野心都没有，你还能有什么成就呢？野心是成就一个人的起点。野心不是一种无根据的狂妄，而是一种人生在世的伟大理想，一定要实现的宏伟目标。有了它，你才能克服一切自卑、自弃、激发出你的全部潜能！有了它，你才能坚持不懈，不断学习和改进，以最快的速度完善自己！有了它，你才会不畏艰难险阻，敢于创造出别人不敢、也不能创造出的奇迹。有了它，你就会开拓出金光灿烂的财富之路。

心理学启示

美国人类学家爱德华·洛说:“野心是进化的产物。在任何社会中，总有一些人比另一些人更激烈地追求更高的社会地位。”我们“不只是吃饱穿暖就够了，人还要追求更多东西。”

心理学家研究发现，有些人总是雄心勃勃，凌云壮志好像与生俱来，他们总会取得非凡的成就，而另一些人似乎天生对竞争不感兴趣，满足于生活现状，他们也因此而落得平庸无奇。这就是野心造就的两种不同的人生。研究基因的加利福尼亚大学心理学家迪恩·西蒙顿认为，“野心”是复杂的课题。野心是能力和决心，它同时追求结果。那些有目标没能力的人是那种躺在床上，口中说着‘总有一天会造一个更好的捕鼠器’的人。而那些有能力但没有明确目标的人则会让精力在无穷的琐事中耗尽。心理学家告诫人们，野心不仅仅只是欲望的表现，同时更应该是一个人积极的人生态度的展现。野心不等于贪婪，更不是性格的缺陷。不想当将军的士兵不是一个好士兵，野心只是指导我们成功的灵感，没有野心的人不会知道成功的第一步该怎样迈出。

第五辑

看透心理定律，遇见心想事成的自己

Benefits From Psychological Revelations

人们在认知世界的过程中，总会被新的事物困扰，因为对它一无所知；也会被已经存在的事物伤神，因为对其了解不透。人对心理的认知也会如此，在心理的大千世界中，心理定律犹如一盏盏明灯，闪烁着耀眼的光芒。心理定律是一种理论模型，它用以描述特定情况、特定尺度下的现实世界，了解这些心理定律，你会在已有的心理经验的基础上，开辟一片新的天地。另外，你在把握和运用这些心理定律的同时，更容易获得心想事成的结果。

重复定律:不断增强自己的实力

心理学家说,在不断重复的过程中,没有耐心去等待成功的到来,只好用一生的耐心去面对失败。

++

心理学家说,任何的行为和思维,只要你不断重复就会不断加强,获得丰富的积累。在你的潜意识当中,只要你能够不断地重复一些事,它们都会在潜意识里变成事实。

人的心理倾向于关注那些新鲜的、刺激的事物,不喜欢做重复单调的事情。但在现实生活中,每一件事情的成功都需要依靠重复操作来谋求突破,也就是说,那些心理上拥有忍耐力,能够在一次次重复操作中认真积累的人,他的人生更容易获得高于他人的成就。

这是一位心理学家在演讲时引用过的一个故事:

一位著名的推销大师,即将告别他的推销生涯,应行业协会和社会各界的邀请,他将在该城中最大的体育馆,做告别职业生涯的演说。

那天,会场座无虚席,人们在热切、焦急地等待着这位当代最伟大的推销员做精彩的演讲。大幕徐徐拉开,舞台的正中央吊着一个巨大的铁球。为了这个铁球,台上搭起了高大的铁架。

一位老者在人们热烈的掌声中,走了出来,站在铁架的一边。他穿着一件红色的运动服,脚下是一双白色胶鞋。

人们惊奇地望着他,不知道他要做出什么举动。

这时两位工作人员,抬着一个大铁锤,放在老者的面前。主持人这时对观众讲:请两位身体强壮的人,到台上来。很多年轻人站起来,转眼间已有两名动作快的跑到台上。

老人这时开口和他们讲规则,请他们用这个大铁锤,去敲打那个吊着的铁球,直到把它荡起来。

一个年轻人抢着拿起铁锤,拉开架势,抡起大锤,全力向那吊着的铁球砸去,一声震耳的响声,那铁球动也没动。他就用大铁锤接二连三地砸向铁球,很快他就气喘吁吁。

另一个人也不示弱,接过大铁锤把铁球打得叮当响,可是铁球仍旧一动不动。

台下逐渐没了呐喊声,观众好像认定那是没用的,就等着老人做出什么解释。

会场恢复了平静,老人从上衣口袋里掏出一个小锤,然后认真地面对着那个巨大的铁球。他用小锤对着铁球"咚"的一声敲了一下,然后停顿一下,再一次用小锤"咚"的一声敲了一下。人们奇怪地看着,老人就那样"咚"的敲一下,然后停顿一下,就这样持续地做。

10分钟过去了,20分钟过去了,会场早已开始骚动,有的人干脆叫骂起来,人们用各种声音和动作发泄着他们的不满。老人仍然继续着,他好像根本没有听见人们在喊叫什么。人们开始愤然离去,会场上出现了大块大块的空缺。留下来的人们好像也喊累了,会场渐渐地安静下来。

大概在老人进行到40分钟的时候,坐在前面的一个妇女突然尖叫一声:"球动了!"霎时会场鸦雀无声,人们聚精会神地看着那个铁球。那球以很小的幅度动了起来,不仔细看很难察觉。老人仍旧一小锤一小锤地敲着,人们好像都听到了那小锤敲打铁球的声响。铁球在老人一锤一锤的敲打中越荡越高,它拉动着那个铁架子"哐哐"作响,它的巨大威力强烈地震撼着在场的每一个人。终于场上爆发出一阵阵热烈的掌声,在掌声中,老人转过身来,慢慢地把那把小锤揣进兜里。

老人开口说,成功就是一次次重复你的行动。

重复某个动作的过程,其实就是一种忍耐的过程。不经过这种历练,你

不可能让自己实现蜕变。而在这一过程中，你的心是否心甘情愿地接受这种重复，积极地面对它，也就决定了你最后取得的成绩。

心理学启示

人的急切心理是普遍存在的，那些努力而看不到成效，而且还很有可能被人称作傻傻的重复操作的事情，谁会去做呢？结果肯定是少数人，而成功者也正来自于这一小部分人中。现实生活中，很多年轻人总想找到一蹴而就的成功之路，殊不知，那些一锤子敲过去，却不见效果的人，在他们放弃的同时，一些看似弱势的人则在一次次重复敲击着自己的目标。也正是在这个过程中，不仅实现了量到质的飞跃，也使得你对这个事物看得更加透彻，把握得更加准确。

心理学家说，在不断重复的过程中，没有耐心去等待成功的到来，只好用一生的耐心去面对失败。很多时候，人的失败不是因为实力不够，机遇不好，而是因为不肯在重复中积累、等待突破的到来，在一次次放弃和遗漏的过程中，人生草草地画上了一个句点。

情绪定律：先处理心情，再处理事情

能调动情绪的人生活更有效率，更易获得满足，更能运用自己的能力获取丰硕的成果。

++

人是自然界中情感最为丰富的动物。每个人在做事之前，都会受到情绪的干扰。不管这种情绪是积极的,还是消极的,人百分之百是情绪化的,即使有人说某人很理性,其实当这个人很有“理性”地思考问题的时候,也是受到他当时情绪状态的影响,“理性地思考”本身也是一种情绪状态。

有人这么解释情绪化的反应:要么控制自己的情绪,要么被自己的情绪控制,但后者被称为失控!

在生活中,不如意之事十有八九,每个人都会经常遇到种种不如意的事情,有的人会因此大动肝火,结果把事情搞得越来越糟。而有的人则能很好地控制住自己的情绪,泰然自若地面对各种刁难,在生活中立于不败之地。

某年,新一届竞选又开始了,一位准备参加参议员竞选的候选人向自己的参谋们讨教如何获得多数人的选票。

其中一个参谋说:“我可以教你些方法。但是我们要先定一个规则,如果你违反我教给你的方法,要罚款10元钱。”

候选人说:“行,没问题。”

“那我们从现在就开始。”

“行,就现在开始。”

“我教你的第一条方法是:无论人家说你什么坏话,你都得忍受。无论人家怎么损你、骂你、指责你、批评你,你都不许发怒。”

“这个容易,人家批评我,说我坏话,正好给我敲个警钟,我不会记在心上。”候选人轻松地答应道。

“你能这么认为最好。我希望你能记住这个戒条,要知道,这是我教给你的规则当中最重要的一条。不过,像你这种愚蠢的人,不知道什么时候才能记住。”

“什么!你居然说我……”候选人气急败坏地说。

“拿来,10元钱!”

虽然脸上的愤怒还没褪去,但是候选人明白,自己确实是违反规则了。他无奈地把钱递给参谋,说:“好吧,这次是我错了,你继续说其他的方法。”

“这条规则最重要,其余的规则也差不多。”

“你这个骗子……”

“对不起，又是10元钱。”参谋摊手道。

“你赚这20元钱也太方便了。”

“就是啊，你赶快拿出来，你自己答应的，你如果不给我，我就让你臭名远扬。”

“你真是只狡猾的狐狸。”

“又10元钱，对不起，拿来。”

“呀，又是一次，好了，我以后不再发脾气了！”

“算了吧，我并不是真要你的钱，你出身那么贫寒，父亲也因不还人家钱而声誉不佳！”

“你这个讨厌的恶棍。怎么可以侮辱我家人！”

“看到了吧，又是10元钱，这回可不让你抵赖了。”

看到候选人垂头丧气的样子，参谋说：“现在你总该知道了吧，克制自己的愤怒，控制情绪并不容易，你要随时留心，时时在意。10元钱倒是小事，要是你每发一次脾气就丢掉一张选票，那损失可就大了。”

还听过这样一个类似的故事：

在法庭上，律师拿出一封信问洛克菲勒：“先生，你收到我寄给你的信了吗？你回信了吗？”

“收到了！”洛克菲勒回答他，“没有回信！”

律师又拿出二十几封信，一一地询问洛克菲勒，而洛克菲勒都以相同的表情，一一给予相同的回答。

律师控制不住自己的情绪，暴跳如雷并不断咒骂。

最后，庭上宣布洛克菲勒胜诉！因为律师情绪的失控让自己乱了章法。

学会控制自己的情绪对于每个人而言都是相当重要的，它是我们成功的前提，更是我们身心健康的保证。

心理学启示

哲人说,心情决定事情。心理学家劝诫那些情绪容易受外界干扰的人,应先处理好心情,再投入精力,处理事情。据心理学家研究,人的每一个决定和行为,都或多或少地受到情绪的影响。无论是对学习还是对社会适应能力来说,情绪都扮演着非常重要的角色。

从上面的故事中,我们看到了情绪失控的后果。在现实生活中,我们很可能因为自己的一时意气而失去应有的机会。即使你是一个优秀的人,可就因为你的暴脾气而在无形中得罪了很多人,这使得你在通向成功的道路上不再一帆风顺,甚至触礁沉没。而这一切正是你自己造成的,因为你做不了情绪的主人,无法驾驭自己的情绪,甚至被它所左右。心理学家提醒人们,要想更好地适应社会,取得成功,就必须学会调动自己的情绪,理智客观地处理所有问题。能调动情绪的人生活更有效率,更易获得满足,更能运用自己的智慧获取丰硕的成果。反之,不能驾驭自己情感的人,内心激烈的冲突,削弱了他们本应集中于工作的实际能力和思考能力。

坚信定律:激发自我驱动力

在顺境中,人们以舒畅的心情谋求成功;在逆境中,人们依然应当坚韧不拔地追求成功。

++

在课堂上,一位心理学家在给学生们讲述实现成功人生的重要心理定

律——坚信定律。他解释道,如果你对完成某件事情抱有百分之百的信心,它最后就会变成事实。

接下来,他讲述了这样一个故事:

在美国历任的总统中,有一位格外受到人们的尊重,他就是布朗· 德拉诺·罗斯福,美国第32任总统。当罗斯福还是参议员时,他潇洒英俊,才华横溢,深受人们爱戴。有一天,罗斯福在加勒比海度假,游泳时突然感到腿部麻痹,动弹不得,幸亏旁边的人发现和挽救及时才避免了一场悲剧的发生。经过医生的诊断,罗斯福被证实患上了“腿部麻痹症”。医生对他说:“你可能会丧失行走的能力。”罗斯福并没有被医生的话吓倒,反而笑呵呵地对医生说:“我还要走路,而且我还要走进白宫。”这种坚定的自信,感染了在场的每一个人。

在第一次竞选总统时,罗斯福对助选员说:“你们布置一个大讲台,我要让所有的选民看到我这个患麻痹症的人,可以‘走到前面’演讲,不需要任何拐杖。”当天,他穿着笔挺的西装,面容充满自信,从后台走上演讲台。他的每次迈步声都让每个美国人深深感受到他坚定的意志和十足的信心。

在罗斯福首次履任总统的1933年初,正值经济大萧条的风暴席卷美国,到处是失业、破产、倒闭、暴跌,到处可见人们的痛苦、恐惧和绝望。罗斯福却表现出一种压倒一切的自信,他在宣誓就职时发表了一篇富有激情的演说,告诉人们:我们唯一害怕的就是害怕本身。

正是由于罗斯福的自信和强大的信念,使得他成为美国政治史上唯一一个连任四届的伟大的总统。

对于那些心底不甘心平庸的人来说,有了坚定的意志,就等于给双脚添了一双翅膀。意志就是力量,哪里有意志存在,哪里就会有出路。人的意志如果坚强,的确可以发挥出一种超越自然的力量。不要让挫折和厄运阻挠你,不要让它们成为绊脚石。

一个人的心理不能先于他的身躯垮下去。靠一种极强的生活责任心鼓起勇气,不仅需要有探索精神,还要有不屈的意志,以及不达目的誓不罢休的决心。

1884年6月2日,尤利赛斯·格兰特被诊断舌部长有的息肉有癌细胞。病危中,格兰特把自己视为普通病人。此时,又传来了糟糕的消息:格兰特的一家投资公司,破产倒闭了。尽管病魔缠身,厄运连连,格兰特还是决心撰写回忆录。每次使用可卡因治疗后,他仍以顽强的毅力,不屈不挠地进行写作。

在他临终前五天,他的第二卷《回忆录》交付印刷。这是用毅力写成的巨著,这本著作,证实了人类的力量与尊贵,通过这套书,人们看到格兰特是如何的坚韧不拔!

在人生的追求中,难免会遇到一些挫折和厄运。此时的我们应该告诉自己要坚强,用自己坚强的意志去战胜挫折,毫不气馁。

艾柯卡经过数年如一日赤胆忠心的奋斗,为福特汽车公司立下了汗马功劳,登上了总经理的宝座。然而,春风得意的艾柯卡万万没有想到,他的大老板忘恩负义,卸磨杀驴,突然宣布:停止聘用艾柯卡。

艾柯卡为福特汽车公司工作了32年,当了8年总经理,可谓是一帆风顺,青云直上,结果却由一言九鼎的总经理,沦落到人微言轻的失业者。巨大的反差使他痛不欲生,他开始酗酒,自暴自弃,对自己失去了信心,认为自己要彻底崩溃了。

然而,天无绝人之路。就在这时,艾柯卡接受了一个新的挑战——到濒临破产的克莱斯勒汽车公司出任总经理。宝刀不老的艾柯卡凭着胆识、智慧和经验,大刀阔斧地对克莱斯勒汽车公司进行了整顿、改革。在艾柯卡的领导下,克莱斯勒汽车公司在最不景气的日子里,推出了K型车的计划。此计划的成功,使克莱斯勒汽车公司起死回生,重振雄风,迅速发展成仅次于通用汽车公司和福特汽车公司的第三大汽车公司。

恰恰在艾柯卡被从总经理位置上挪掉整整5年的那一天,即1983年7月13日,克莱斯勒汽车公司还清了所有的债务,走上了朝气蓬勃的振兴之路。与此同时,艾柯卡为自己败走麦城画上了一个反败为胜的圆满句号。

伟大的意志力造就伟大的人物，人生中的挫折也好，磨难也罢，它们更多的是伤害一个人的肉体，只要你的心灵选择坚强，就要勇敢地去挑战困难。

心理学启示

人的心里隐藏着巨大的能量，拥有坚定信心的人，在人生的道路上不管遇到什么挫折和疾苦，都是能战胜的。自信的人永远不轻言失败，除非他自己最后精疲力竭，无力拼搏。最富有成就的人就是依靠他们自己的自信、智慧和能力取得成功的人。

人生之光荣，不在于永不失败，而在于始终能够坚定自己的信念。一个人的成功并不总是一帆风顺的，他必定经过了挫折的灼烧和厄运的磨炼，才锻造出他坚强的性格。不管在怎样的条件下，人们都不应放弃自己的追求。在顺境中，人们以舒畅的心情谋求成功；在逆境中，人们依然应当坚韧不拔地追求成功。一个人能拥有坚定的信念并不难，难的是一直保持这种信念，并将它与自己的行动结合在一起。

期望定律：有多大期望，就有多大的成就

很多人都渴望成功，而成功的不二法门就是你积极地期望它的到来。如果希望一劳永逸，做事浅尝辄止，则很可能一事无成。

++

心理学家通过对人心理的研究，了解到这样一个规律：当我们怀着对某

件事情非常强烈期望的时候,我们所期望的事物就会出现。这也就是我们常说的期望定律。

在美国西雅图的一所著名教堂里,有一位德高望重的牧师——戴尔·泰勒。一天,他向班里的学生郑重其事地承诺:谁要是能背出《圣经·马太福音》中第五章到第七章的全部内容,他就邀请谁去西雅图的"太空针"高塔餐厅参加免费聚餐会。

《圣经·马太福音》中第五章到第七章的全部内容有几万字,而且不押韵,要背诵其全文无疑有相当大的难度。尽管参加免费聚餐会是许多学生梦寐以求的事情,但是几乎所有的人都浅尝辄止,望而却步了,他们不再期望那个免费的聚餐会,而是花时间享受眼下的舒适或打发无聊的时间。

几天后,班中一个11岁的男孩,胸有成竹地站在泰勒牧师的面前,从头到尾地按要求背诵下来,竟然一字不漏,没出一点差错,而且到了最后,简直成了声情并茂的朗诵。

泰勒牧师比别人更清楚,就是在成年的信徒中,能背诵这些篇幅的人也是罕见的,何况是一个孩子。泰勒牧师在赞叹男孩那惊人记忆力的同时,不禁好奇地问:"你为什么能背下这么长的文字呢?"

这个男孩不假思索地回答道:"我竭尽全力。我十分期待那免费的聚餐会。"

16年后,这个男孩成了世界著名软件公司的老板。他就是比尔·盖茨。

人在心里对自己有多大的期望,就会带动自己取得多大的成就。很多时候,并不是你不能取得较大的突破,而是你的心早就被自己禁锢住了,不敢奢望过多。

张德培是历史上最年轻的男单冠军,当年,这个不满20岁的黄皮肤小伙子在巴黎成为法国网球公开赛男单冠军的时候,整个球场为之沸腾了,他也成为第一个在这里获得冠军的华裔选手。在其后16年的网球生涯里,他一共赢得34个冠军和近两千万美元奖金,并在1996年年终的ATP男单总排名榜上名列第2位,这一切成绩的取得,和他对自己的期望和激励有着重要

的关系。

据专家分析，张德培的身体条件并不适合网球运动。他一米七五的身高，即便放到女选手中也只算是中等，再加上亚洲人先天性的力量不足，使他在高手如林的男子网坛显得十分单薄。

为了取得理想的成就，体格的缺陷迫使他必须要用速度和坚忍的意志来弥补弱势，这没有捷径，只能依靠超出常人的刻苦训练。于是日复一日，年复一年，人们看到这名黄皮肤的小伙子从来不给自己放假。当桑普拉斯躺在希腊海滩上晒太阳时，当阿加西赴拉斯维加斯观看拳击比赛时，张德培都是在球场上训练，他从未减少对自己的期望。

训练的过程是极其艰辛的，但他坚持了下来！在此后的十余年里，张德培凭借灵活的脚步和不懈的跑动，运用娴熟的底线技术与对手周旋，一有机会就击出大角度的回球置对手于死地，在男子网坛杀出了一片属于自己的天地。

很多人都渴望成功，而成功的不二法门就是你积极地期望它的到来。如果希望一劳永逸，浅尝辄止，则很可能一事无成。

心理学家称，人的潜力无穷，能否最大限度地挖掘这些潜能，关键在于是否善于强迫自己、经营自己、期望自己。希望成功，必须加倍努力。只有不懈努力，才会有丰厚的收获。成功人士有一点是相同的，那就是他们对自己的期望值永远比别人高。

心理学启示

心理学家说，那些取得一番成就的人，无疑不是在同一个问题面前，坚持到最后的人。他们的这种坚持，来源于强烈的期盼，他们幻想着目标达成后的收获和喜悦，因此，也就能尽最大可能排除一切困难，让自己竭尽全力地去尝试。

你的人生决定于你所做的决定,取决于你做事的态度。不管你现在的境遇怎样,命运即将从你决定竭尽全力去奋斗的那一刻起开始改变。在生活中,并不是大多数人命里注定不能成为大人物,而是他们从来没有期待自己有一天会成为大人物。对于成功者来说,他们不是想要成功,而是一定要成功。他们不是努力尝试,而是竭尽全力获得最好的结果。他们强烈的渴望和期待,会使他们勇敢地把帽子扔过困难的墙,让自己没有退路,从而想尽一切办法,获得期待的收获。

韦奇定律:外来干扰会影响人的决策

避免所有批评的唯一方法就是只管做你心里认为对的事——因为在你提出新的意见或做出决策时,总会有反对的声音响起。

++

现实生活中的人总会面临许许多多的选择,每个人决策的敲定,特别是面对重要、重大问题的时候,在心中都会经过一番挣扎,考虑诸多影响事情发展的因素。大到择业、婚恋,小到出行、购物等,都是如此。人又是一种社会性动物,周围都有家人、亲戚、朋友和同事等人际交往圈,因此,在准备做出决策时,不可避免就会咨询他人的意见。这时,就必然面临韦奇定律的困扰。

美国洛杉矶加州大学经济学家伊渥·韦奇曾说:即使你已有了主见,但如果有10个朋友看法和你相反,你就很难不动摇。这种现象就被称为韦奇定律。

当你做出一个决定时,如果身边的人都不支持你,甚至怀疑、否定你,这时,你还会相信自己是正确的吗?你还会有勇气和决心来执行自己做出的

决定吗？事实上，那些能够坚持自己意见的人，更适合担任领导的职位，也容易取得事业的成就。

美国总统林肯，在他上任后不久，有一次将六个幕僚召集在一起开会。林肯提出了一个重要法案，而幕僚们的看法并不统一，于是七个人便热烈地争论起来。林肯在仔细听取其他六个人的意见后，仍感到自己是正确的。在最后决策的时候，六个幕僚一致反对林肯的意见，但林肯仍固执己见，他说："虽然只有我一个人赞成，但我仍要宣布，这个法案通过了。"

表面上看，林肯这种忽视多数人意见的做法似乎过于独断专行。其实，林肯已经仔细地了解了其他六个人的看法并经过深思熟虑，认定自己的方案最为合理。而其他六个人持反对意见，只是一个条件反射，有的人甚至是人云亦云，根本就没有认真考虑过这个方案。既然如此，自然应该力排众议，坚持己见。因为，所谓讨论，无非就是从各种不同的意见中选择出一个最合理的。既然自己是对的，那还有什么犹豫的呢？

心理学家这样告诫人们：做决策时要听取大多数人的意见，和其中的少数人商量，最后由一个人做最终决定。

剑桥郡的世界第一位女性打击乐独奏家伊芙琳·格兰妮说："不要被他人的论断束缚了自己前进的步伐。追随你的热情，追随你的心灵，它们将带你到你想要去的地方。"

格兰妮成长在苏格兰东北部的一个农场，8 岁时，她就开始学习钢琴。随着年龄的增长，她对音乐的热情与日俱增。但不幸的是，她的听力却在渐渐地下降，医生们断定这是由于难以康复的神经损伤造成的，而且断定到 12 岁，她将彻底耳聋。可是，她对音乐的热爱却从未停止过。

她的目标是成为打击乐独奏家，虽然当时并没有这么一类音乐家。为了演奏，她学会了用不同的方法"聆听"其他人演奏的音乐。她只穿着长袜演奏，这样她就能通过她的身体和想象感觉到每个音符的震动，她几乎用她所有的感官来感受着她的整个声音世界。

她决心成为一名音乐家，于是她向伦敦著名的皇家音乐学院提出了申请。这时她身边几乎所有的人都持反对意见,但是她的演奏征服了所有的老师,顺利地入了学,并在毕业时荣获了学院的最高荣誉奖。

从伊芙琳·格兰妮的故事中我们懂得,决断是不能由多数人来做出的。多数人的意见是要听的;但做出决断的,是一个人。在心里坚持自己认为是对的意见,是一个人取得成功的前提条件。

心理学启示

每个人站在自己的立场和角度上,评价、判断一件事情的结果都是不同的。但人的心理总是那么复杂,特别是对那些弱势者来说,他们总想先取得大多数人的认同,在心里获得足够的慰藉,才有可能迈出前进的一步。有人说:“每个人都是一个批评家。”当你追求你的梦想并希望得到帮助的时候,这句话尤其显得正确,总有许多善意的人希望保护你,使你远离那些他们认为不现实的幻想。也会有人阻挠你,担心你的成功会给他们心理或利益上来带损伤。

你还要知道,每当新的意见和想法提出时,必定会有反对的声音。其中有对新意见不甚了解的人,也有为反对而反对的人。一片反对声中,你犹如鹤立鸡群,限于孤立之境。这种时候,你不要害怕孤立。对于不了解的人,要怀着热忱,耐心地向他们说明道理,使反对者变成赞成者。对于为反对而反对的人,任你怎么说,恐怕他们也不会接受,那么,就干脆不要寄希望于他的赞同。重要的是你的提议和决策是对的,只要真理在握,就应坚决地贯彻下去。

异性吸引定律：把握交往的度

异性之间的吸引是一种化学反应过程，是由身体受到某种自然刺激产生的。

++

异性相吸是一种自然反应，在工作和社交中适当运用男女之间这种微妙的关系，处理事情会比较顺利和省心。

俗话说，士为知己者死，女为悦己者容。我们活着是为了自己，而不是为了别人，但异性吸引定律作用于每个人的心理。

在生活中，我们经常可以看到这种现象：商场中卖男士用品的专柜多是女服务员居多；在同一家发廊，会有不同性别的几名理发师为顾客服务，当顾客是女性时，更多的时候，男性理发师会热情招呼。异性在服务过程中的交流和夸赞，在自己的心理会占很大的分量。这也是异性吸引定律的一个表现。

张女士是某公司公关部经理。她联系颇广，出师必胜，为公司立下了赫赫战功。公司的原料奇缺，材料科的同志四处奔走，却连连碰壁，而张女士外出联系，不久问题便迎刃而解。公司资金周转严重失灵，急需贷款，急得总经理像热锅上的蚂蚁一样。又是张女士风尘仆仆，周旋于银行之间，竟获得贷款上百万元。张女士因此备受领导器重，工资、奖金一加再加。有人试图总结张女士成功的秘诀，发现她除了具有清醒的头脑、敏捷的口才、丰富的知识和阅历、待人接物灵活之外，在男性为主的商场上打拼，她端庄的容貌、典雅的仪表对异性的吸引也起到了很大的帮助作用。

心理学家分析这一案例时说，张女士成功的原因主要在于：如今的社会还是一个男性占很大优势的社会,外出办事多数要和男性打交道,由女性出面较为顺利,这便是心理学上所谓的"异性效应"。这种现象是建立在异性相吸引的基础上的。人们一般对异性比较感兴趣,特别是对外表讨人喜欢、言谈举止得体的异性感兴趣。这点女性也不例外,只不过不如男性对女性那么明显。有时为了引起异性注意,男性还特别喜欢在女性面前表现自己,这也是"异性效应"在起作用。

异性之间的吸引在爱情中体现得更为直接和明显。有些心理学家把异性吸引称之为一种化学反应:异性之间的吸引是一种化学反应过程,是由身体受到某种自然刺激产生的,比如视觉、听觉、嗅觉及触觉等。

当你的这种感觉和你事先设置的形象符合时,你便会被他(她)吸引。

心理学家海伦说:"我们的研究是基于人类在情感萌动时期混沌状态中的一种潜意识,那时的我们就有一种完美伴侣形象的构想。"

当这种存在于脑海中的完美形象与现实生活中的他(她)对上号时,就可能被对方深深吸引,产生一种强烈地"倾慕感",即"一见钟情"。

"情人眼里出西施"这句话经常被用来描述热恋中的男女对对方怀有美好的印象,这也是异性吸引的一个极端化的直接反应。

一位心理学家曾设计了这样一个心理实验来检验异性吸引心理的效应:

他们首先要求一名女性从两张男性头像中选出她最感兴趣的一个,并说明她选中的人比另一个在外貌上要占多大优势。在经过这样一轮选择后,她将再观看一个幻灯片,片中出现的男性面孔与她在实验第一步中看到的是一模一样的,差别在于一名女子微笑地看着其中一张脸,而另一张脸遭遇的是一名女子厌倦或木然的表情。看完短片,研究者重复实验的第一步,让这名女性对同样的男性头像进行重新选择。

在多名女性进行这一实验后,心理学家得出结论,女性看过幻灯片后,更容易被那些别的女性笑脸相迎的男性面孔所吸引,这似乎体现了女性心理上的一种认同感。

由此我们可以看到,异性吸引也会受到外界因素的影响。那些公认的

优秀的异性，总会成为大家倾心的首选对象；当一个人的美被一名异性注意到，别的异性也会受到积极影响，产生好感，但在同性心中则会产生负面效应。

心理学启示

“男女搭配，工作不累”的口号经常被我们挂在嘴边，从心理学角度讲，其符合异性吸引定律的反应。人对异性都有一种好奇心理，都喜欢与异性打交道，我们可以在合适的情况下发挥自身的魅力来帮助我们完成任务，但是无论做任何事情都要有个度，过了，效果就适得其反了。

心理学家告诫人们，“异性效应”不能滥用。不管是从社会公共道德，还是个人修养的角度来说，利用自己的外表和身体特征吸引异性以求达到某种目的或实现某些利益，是极其不可取的。女性外表漂亮，讨人喜欢，如果再加上交往得当，在异性面前办事容易，这是正常的；反之，如果用色相去引诱别人，就很容易被人嗤之以鼻。同样，男性在这方面也要非常注意，你对异性，尤其是年轻漂亮的异性热情些，客气些也无可非议，但把异性当做刺激，想入非非，让人觉得你“色迷迷”的，就超过限度了，同时也会影响你的心理健康。

绝境定律：给自己一片危崖

一个没有受逼迫和激励的人，仅能发挥出潜能的20% ~30%。而当他受到逼迫和激励时，其能力可以发挥80% ~90%。

人在绝境或没有退路的时候,在心里最容易产生爆发力,展示出非凡的潜能。如果我们想在最恶劣、最不利的情况下取胜,最好把所有可能退却的道路切断,有意识地把自己逼入绝境,只有这样才能保持必胜的决心,用强烈的刺激唤起那敢于超越一切的潜能。

美国杰出的心理学家詹姆斯的研究表明:一个没有受逼迫和激励的人仅能发挥出潜能的20%~30%,而当他受到逼迫和激励时,其能力可以发挥80%~90%。许多有识之士不但在逆境中敢于背水一战,即使在一帆风顺时,也用切断后路的强烈刺激,使自己在通向成功的路上立起一块块胜利的路标。

有一个乡下人在山里打柴时,拾到一只很小的样子怪怪的鸟,他就把这只怪鸟带回家给儿子玩耍。后来人们发现那只怪鸟竟是一只鹰。时间久了,村里的人们对于这种鹰鸡同处的状况越来越害怕,人们一致强烈要求:要么杀了那只鹰,要么将它放生。这一家人自然舍不得杀它,他们决定将鹰放生,让它回归大自然。然而他们用了许多办法都无法奏效。后来村里的一位老人说:把鹰交给我吧,我会让它重返蓝天,永远不再回来。老人将鹰带到附近一个最陡峭的悬崖绝壁旁,然后将鹰狠狠向悬崖下的深涧扔去,如扔一块石头。那只鹰开始也如石头般向下坠去,然而快要到涧底时它终于展开双翅托住了身体,开始缓缓滑翔,然后轻轻拍了拍翅膀,飞向蔚蓝的天空,它越飞越自由舒展,越飞动作越漂亮,这才叫真正的翱翔,蓝天才是它真正的家园啊!

其实我们每个人都总是对现有的东西不忍放弃,对舒适平稳的生活恋恋不舍,一个人要想让自己的人生有所转机,就必须懂得在关键时刻把自己带到人生的悬崖,给自己一个悬崖其实就是给自己一片蔚蓝的天空。

有个小孩子,见一只蝙蝠掉在地上,挣扎了好大一会儿也没有飞起来,心里就开始纳闷儿了:奇怪,蝙蝠是非常灵巧的动物,怎么落到地上之后就飞不起来了呢?

带着这个疑惑,小孩子去找他父亲。父亲把他带到了一个山洞里面。

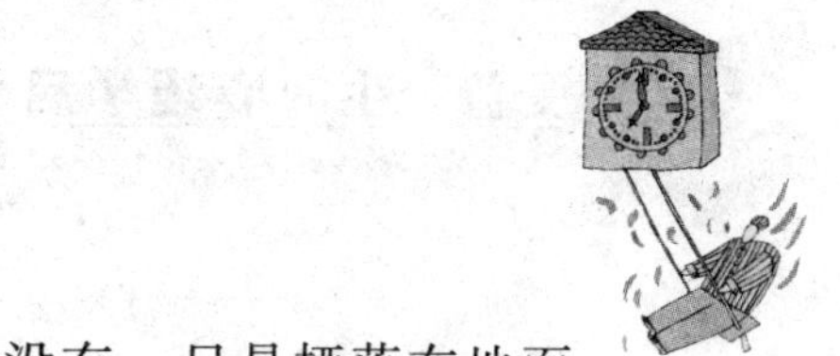

只见山洞的洞顶和洞壁倒悬着无数的蝙蝠，就是没有一只是栖落在地面上的。

见小孩子一副不解的样子，父亲就说：这是蝙蝠在给自己一片危崖。

“蝙蝠为什么要给自己一片危崖呢？”小孩子还是不解，“它这样做岂不是让自己每时每刻都处在危险中了吗？”

父亲笑着告诉他：“蝙蝠一旦脱离了攀附的洞壁，就会直接掉在地上。为了避免坠落而亡，蝙蝠只有尽全力地扑打着翅膀，努力使自己向上、再向上，所以我们才看到了灵巧飞翔的蝙蝠……”

“可是，为什么蝙蝠掉到地上之后，就再也飞不起来了呢？”

父亲接着解释道：“蝙蝠一旦掉在了地上，就再也没有悬挂在洞壁时那种‘生的危险，死的威胁’的感受了。没有这种生死攸关的感受，蝙蝠也就不可能再尽全力地去飞了。而正是因为没有尽全力地去飞，才使得它永远也飞不起来了！”

心理学启示

在生活中我们会看到这种现象，甲和乙两个同学毕业后一起参加工作。甲的工作较为安稳，且收入稳妥，温饱不愁；乙的工作则辛苦奔波，甚至风餐露宿。若干年后，我们发现，乙的成就远远高于甲。由此我们可以看出，人在艰苦的环境中，更能激发自己的潜能。以此推理，当人处于绝境中时，也正是他最强大的时候。

人面对复杂的工作，恐惧和退缩其实于事无补。无论在任何时候，你都要明白，越是困难的事情，越能让你实现突破。你不妨向蝙蝠一样给自己一个“悬崖”，让自己时刻保持成长的警惕，抵御放纵的心理，在自己制造的绝境中，完善自己的心理。

压力定律:有压力才有活力

心理压力是魔鬼与天使的混合体。说它是魔鬼,是因为它的确能带给人心灵和躯体的双重伤害。说它是天使,是因为它也有很多的可贵之处。

++

心理压力影响现实生活中的每个人,有的人因此更加奋发向上,而有的人却对此一生恐慌。压力首先是一个物理学的概念,人身体能感受到的压力都是有形的,我们能够清楚地知道这种压力的来源、大小和逃避的方式。比如,坐在拥挤的地铁里时,我们清楚地知道压力是周围人给的,人越多,挤压的力量也就越大。当你下车离开了这个环境,这种压力也就随之消失。但心理压力就没有这么简单,心理压力经常让人觉得喘不过气来,让人无处遁形。

在一堂心理课上,老师给学生们讲了九只狐狸的故事:

盛夏酷暑,一群口干舌燥的狐狸来到一个葡萄架下。一串串晶莹剔透的葡萄挂满枝头,狐狸们馋得直流口水,可葡萄架很高。

第一只狐狸跳了几下摘不到,从附近找来一个梯子,爬上去满载而归。

第二只狐狸跳了多次仍吃不到,找遍四周,没有任何工具可以利用,笑了笑说:“这里的葡萄一定特别酸!”于是,心安理得地走了。

第三只狐狸高喊着“下定决心,不怕万难,吃不到葡萄死不瞑目”的口号,一次又一次跳个没完,最后累死在葡萄架下。

第四只狐狸因为吃不到葡萄整天闷闷不乐,抑郁成疾,不治而亡。

第五只狐狸想:“连个葡萄都吃不到,活着还有什么意义呀!”于是找个葡萄藤上吊了。

第六只狐狸吃不到葡萄便破口大骂，被路人一棒子了却了性命。

第七只狐狸抱着“我得不到的东西也决不让别人得到”的阴暗心理，一把火把葡萄园烧了，遭到其他狐狸的共同围攻。

第八只狐狸想从第一只狐狸那里偷、骗、抢些葡萄，也受到了严厉的惩罚。

第九只狐狸因为吃不到葡萄气极发疯，蓬头垢面，口中念念有词：“吃葡萄不吐葡萄皮……”

另有几只狐狸来到一个更高的葡萄架下，经过友好协商，利用叠罗汉的方法，成果共享，皆大欢喜！

面对葡萄架，为了实现吃到葡萄的目标，不同的狐狸在心里产生了不同的压力。他们最后各自的结果，也正是由不同的心理压力造成的。

心理压力是魔鬼与天使的混合体。说它是魔鬼，是因为它的确能带给人心灵和躯体的双重伤害。说它是天使，是因为它也有很多的好处。

压力有内在压力和外来压力两种，压力无时不有，无处不在，关键在于我们自己对待压力的心态如何。在某些条件下，有压力并非坏事，它会转化为动力。

在一次挖煤施工的过程中，瓦斯发生了爆炸，煤窑坍塌，出口被厚实的泥土堵得严严实实的，在矿井中作业的五位矿工深困其中。幸运的是，矿井里刚好有足够的食物和水源，这给被困矿工赢得了极大生机。他们找到各自的位置，安静地坐下，等待着窑外的人们来救援。

时间在死寂的黑暗中震颤着。一天、两天……一个星期过去了，他们支着耳朵，却始终没有听到渴望已久的声音。有人开始烦躁，有人发出凄厉的尖叫。大家已无法承受恶劣环境带来的巨大心理压力，个个都快要崩溃了。

突然，他们听到“啪”的一声。黑暗中有人吼叫起来，“谁，他妈的谁打我？”一个黑影朝四个伙伴咆哮着，四个伙伴都开始辩解。可黑影就是纠缠着他们不放，像审犯人似的一个个详细审问，甚至问得有些不着边际。为了免受冤枉，四位工友还是认认真真地回答。直至个个哈欠连天，声称被打的黑影这才闭了嘴,没趣地倒在一旁呼呼大睡。过了许久,大家都睡醒了,又听到"啪"的一声脆响,这次挨打的是另一位工友,只见他捂着脸,怒不可遏地嚎叫起来,径直扑向第一个挨打的黑影。双方都不示弱,幸好其余三位工友手快,死死把双方抱住,两个人才住手。为此,大家你一言我一语地理论起来。

类似的情况在每位矿工身上都发生过,其中一位脾气很好的矿工连续挨了三个耳光,最后忍无可忍,勃然大怒。就在他们整天为耳光的事纠缠不清的时刻,头顶一丝微弱的亮光提醒他们,有人来救他们了。至此,他们在井底足足被困了23个日夜。

被救后,躺在医院里,四位矿工一直不明白为什么有人无缘无故打自己耳光,只有一位矿工笑呵呵地向四位工友讲起了一则在日本流传很广的故事:古时候日本渔民出海捕鳗鱼,因为船小,回到岸边时鳗鱼几乎死光了。但有一个渔民,他每次捕回的鱼都活蹦乱跳,因此,卖的价钱也特别高,弄得大家都很迷惑。临死前,这位渔民才把秘密告诉自己的儿子。原来,他在盛鳗鱼的船舱里放进了一些鲶鱼。鲶鱼生性好斗,为了防止鲶鱼攻击,鳗鱼也被迫攻击对方。在战斗的状态中,鳗鱼忽略了被捕捉后面临的死亡威胁,所有的潜能都被激发出来,投入战争。这样,尽管它们伤痕累累,但绝大部分鳗鱼还是能够生存下来。

听完这则故事,大家恍然大悟。

聪明的人善于应对压力,即使是在绝境中,也会让压力展现积极的作用。对于普通人来说,做到这点就已经很不容易。心中的压力需要你去面对和化解,但压力是无时无刻不存在的,你更要懂得去管理。

在一堂心理课上,一位讲师拿起一杯水,然后问台下的听众:"各位认为这杯水有多重?"听众有的说20克,有的说100克,有的说500克……大家你一言我一语地发表自己的看法。

等到大家发表完看法后,讲师开始说话了:"其实,这杯水的重量并不重要,重要的是你能拿多久? 拿一分钟,各位一定觉得没问题;拿一个小时,可

能觉得手酸；拿一天，可能就得叫救护车了。其实这杯水的重量是一样的，但是你拿得越久，就觉得越沉重。”

说完，讲师停了下来，想看看听众都有何反应。正当台下的听众感到有些纳闷时，他向大家提出了一个问题：“这与我们今天的压力管理主题有什么关系呢？”

“越是看重，压力就越重。”台下的听众都陷入了沉思，突然有一位听众站了起来，回答道：“老师，我想这与压力管理有两个关系。一方面，就如同这杯水，刚才有的人说500克，也有的人说20克，面对相同的压力，不同的人的感受是不同的。这说明压力的大小，不完全取决于压力本身，同时也取决于我们心里有多么看重它。另一方面，就是这水杯对我们身体造成的压力，就像我们承受压力一样，如果我们一直把压力放在身上，不管压力是大还是小，我们都会觉得压力越来越沉重，以致最终无法承受。我们必须做的是，放下这杯水休息一下后再拿起这杯水，如此我们才能够拿得更久。”

显然，讲师对这个回答非常满意，于是总结性地发表了自己的意见：“所以，各位应该将自己承受的压力在一段时间后适时地放下并好好地休息一下，然后再重新拿起来，这样才能承受更久的、更大的压力。”

心理学启示

曾听一位心理学研究者说压力和年龄是成正比的，压力会随着年龄的增长而一点一点增大。其实压力就像一条抛物线，横轴是年龄，纵轴是压力值，有最高点，也有最低点，是一个逐步上升和逐步下降的过程，当到了压力的高峰点时，也就会随着年龄的增长而减小。外在的生存压力会随着需求的增加而变大，心理压力也是一样。而随着年龄的增加和人的逐渐成熟、看透、放下，压力也就随之减轻了。

不管你的年龄如何，同处在生活中，就难免遇到不顺利的事情，承受压力的负荷,喷水池才会喷射出银花朵朵。人同样如此,只有拥有压力,你才能激发自己的力量,在挑战逆境和困难时,挖掘自己的潜力,哲人说:“谁要是害怕走崎岖的山路,谁就只好永远留在山脚下。”谁要是不能在压力面前站直了,不趴下,谁也就永远只能在原地踏步,苦闷地思考自己为什么不能拥有收获的喜悦和品尝成长的快乐。

优势定律:不要让心理因此而失衡

面对现实,审时度势,该凸显的绝不隐藏,该隐藏的绝不肆意显摆,扬长避短,你的优势才会助你走向成功。

++

有优点没有错,过于钟情于自己的优点就可能会犯错。对自己的长处过分在意、留恋,一叶障目,会挡住客观看待其他事物的视线,那么优点也就变成一种牵绊。

有一位年轻的模特,留着一头如绸缎般的长发,有好心的设计师提醒她长发会对形象有所影响,但她就是不肯剪掉。

又一个大赛来了,是一次国际性的大赛,如果能在这次国际性的大赛上取胜,那么她就能一步跨入名模的行列。

比赛之前,她让设计师围绕着自己的长发设计了好几种时装,也进行了好多次的台步训练,自我感觉已经完美无缺了。

轮到她了,现场响起了中国丝竹的音乐。迈着台步,她像一朵白云一样飘过了舞台,但在台前做华丽转身的时候,突然从台下传来了“轰”的声音。

她笑了笑,也没有在意。

踩着音乐的拍子,她继续往后走,而台下的声音也越来越响了。

她的嘴角露出了笑容，她感觉自己的这套表演已经彻底地赢得了所有在场观众的心。

她有些得意了，用眼角的余光去扫视台边的助理，却见那位女助理面色绯红，一个劲儿地摆着手，非常慌张的样子。

“怎么了?”她在心里嘀咕着，觉得很是奇怪。

就在这个时候，当她再次做华丽转身的时候，突然感觉后背上遭到了轻轻的一击，随之，那头如绸缎般的长发像散了架似的飘洒了下来……

顿时，全场一片哗然。

原来，在做造型的时候，她那一头长发没有用发夹扣紧，结果高高耸立的头发在做华丽转身时被甩倒，继而发夹弹出，接着头发就像大楼倒塌一样，轰然飘散。

她僵住了，欲哭却无泪。

台下坐着的都是国内外权威的评委，对于这样的失误不约而同地摇起了头来：“咳，到底还是有些年轻呀。”

当然，她没有拿到名次。

她沉寂了。待到重新复出的时候，那一头如绸缎般的长发却不见了，是她亲手剪掉的。她说：“我终于明白了，模特不需要道具，只需要自然的表演。”

在社会生存，你需要建立自己更多的优势以提高竞争的砝码。但有优势并不说明你就可以高枕无忧、坐享其成，如果以为有优势的存在就可以丢失忧患，那你离栽跟头也就不远了。

曾听一位心理学家讲述了这样一个故事：

从前，有三个朋友一起住在一家旅店里。白天时，他们各自出去办事，一个旅行者带了一把伞，另一个旅行者拿了一根拐杖，第三个旅行者什么也没有拿。

恰巧，行至半路时，瓢泼大雨倾泻而下。晚上归来，拿伞的旅行者淋得浑身是水，拿拐杖的旅行者跌得满身是伤，而第三个旅行者却安然无恙。于是，前两个旅行者很纳闷，问第三个旅行者："你怎么会没有事呢？"第三个旅行者没有回答，而是问拿伞的旅行者："你为什么会淋湿而没有摔伤呢？"拿伞的旅行者说："当大雨来到的时候，我因为有了伞，就大胆地在雨中走，却不知怎么淋湿了；当我走在泥泞坎坷的路上时，我因为没有拐杖，所以走得非常仔细，专拣平稳的地方走，所以没有摔伤。"

随后，这个人又问拿拐杖的旅行者："你为什么没有淋湿而摔伤了呢？"

拿拐杖的人说："当大雨来临的时候，我因为没有带雨伞，便拣能躲雨的地方走，所以没有淋湿；当我走在泥泞坎坷的路上时，我便用拐杖拄着走，却不知为什么常常跌跤。"

第三个旅行者听后笑笑说："这就是为什么你们拿伞的淋湿了，拿拐杖的跌伤了，而我却安然无恙的原因。当大雨来时我躲着走，当路不好时我细心绕过，所以我没有淋湿也没有跌伤。你们的失误就在于你们有凭借的优势，认为有了优势便少了忧患。"

心理学启示

拥有优势的人，无疑会有更多表现的机会和成功的可能。在依靠优势展示自己、发展自我的时候，千万不要被赞誉声弄晕了头。要知道，有优势不代表你没有劣势。只关注自己的强项，而放纵自己的劣势任意扩张，这就像是决口的河堤一样，越开越大，最终会侵蚀整个看似外观雄伟的河堤。

优点是我们自己的筹码，但绝对不是自我炫耀的资本，我们总是想把自己最完美的一面展现出来，但是需要把真实自然作为自己展示过程的亮点，那是作为铺平自己人生道路的基石，我们需要脚踏实地去展示，那样才使得我们对生命真诚，对自己忠诚。一个人老是在自己的优点面前碰壁，那么他的所谓优点，其实正是他致命的缺点。

借口定律：下意识地推脱责任

借口给人带来的严重危害是让人消极颓废，如果养成了寻找借口的习惯，当遇到困难和挫折时，就不会积极地去想办法克服。

++

人在面对必须承担的责任时，心里本能的第一反应就是逃避。大部分人战胜了这种心里的羁绊，没有自欺欺人，也没有因此而失掉做人的准则。但却恰恰相反，他们干事时总把借口挂在嘴边，特别是在面临失败或无法实现目标的境地时，借口更成了他们首先摆出的挡箭牌，而且这仿佛已经成了他们的一种习惯。

审视自己，如果你一直没有为公司的发展提出合理的方案，你是否会解释为自己阅历太浅；如果没有按进度完成任务，你是否会说，我的经验太少，比不了那些前辈。作为一个部门负责人或者是创业者，当你发现因为你的计划表或者方案书上明显的错误，而导致了经营方向的偏离和失误，你是否会解释："这些是我口头述说的，速记员写完后，我没有亲自审阅。"面对事情，特别是糟糕的结果时，总想着为自己开脱的人，就是一个不负责任的人。

心理学家分析，借口的实质是推卸责任。在责任与借口之间，你的选择往往就代表了你的态度。选择了借口其实就是一种不负责任的表现。而一旦你曾经因为借口而被免于惩罚之后，久而久之你就会养成习惯，习惯于寻找借口来为自己的过失开脱，习惯于努力寻找借口而非尽一切努力完成目标，并且最终推卸掉自己本应承担的责任。

有命令就要去执行，这是军人的准则，也是一个普通人处事的智慧。当老板交代任务的时候，只知抱怨的人，永远也不会做好。而总给自己找借口的人,也许那些借口能为你带来一时的安逸,些许的心灵慰藉,但是却会让你付出更昂贵的代价。

巴顿将军在他的战争回忆录《我所知道的战争》中曾写到这样一个细节:

"我要提拔人时常常把所有的候选人排到一起,给他们提一个我想要他们解决的问题。我说:'伙计们,我要在仓库后面挖一条战壕,8英尺长,3英尺宽,6英寸深。'我就告诉他们那么多。我有一个有窗户或有大节孔的仓库。候选人正在检查工具时,我走进仓库,通过窗户或节孔观察他们。我看到伙计们把锹和镐都放到仓库后面的地上。他们休息几分钟后开始议论我为什么要他们挖这么浅的战壕。他们有的说6英寸深还不够当火炮掩体。其他人争论说,这样的战壕太热或太冷。如果伙计们是军官,他们会抱怨他们不该干挖战壕这么普通的体力劳动。最后,有个伙计对别人下命令:'让我们把战壕挖好后离开这里吧。管他想用战壕干什么都没关系。'"

最后,巴顿写道:"那个伙计得到了提拔。我必须挑选不找任何借口地完成任务的人。"

人生的路上不需要借口,任何的借口都只是自欺欺人心理的表现。工作无借口,失败无借口,那些心理懦弱的人,在借口的海洋里,必然会一事无成;心理畏惧承担责任的人,也一定是一个渺小的人。

心理学启示

遇事总是寻找借口是消极心理的一种表现。但现实生活中的很多人总喜欢为自己的失败找借口,年轻人更是如此,倾向于把失败的原因都归到客观条件上。借口给人带来的严重危害是让人消极颓废,如果养成了寻找借口的习惯,当遇到困难和挫折时,不是积极地去想办法克服,而是去找各种各样的借口。其潜台词就是"我不行"、"我不能",这种消极心态剥夺了个人

成功的机会，最终让人一事无成。

一个人如果不注意自己性格上的缺点，不反省自己做事过程中的过失，反而把错误归咎于别人或者命运，甚至任由这些毛病发展下去，以后再碰到危机你还是不知所措乃至一败涂地。所以，不要再为你的失败找什么借口了，再多的借口也不会让你在成功的道路上获得转机。我们要做的是不为失败找借口，要为成功找方法。要让积极的心理主导你的行动，支配你的人生。

第六辑

激发心理力量，勇敢做最出色的自己

Benefits From Psychological Revelations

心理力量是内心成长的声音，它受遗传因素的影响，但更多地来自于经验的积累。经历得越多，承受压力的能力越强；阅历越丰富，心理的适应能力越高。日积月累，心理力量也就逐渐增强。心理学家对于心理力量和人的关系做过这样一个形象的比喻：我们平时用的锤子本身有重力，我们加点人力把锤子打在钉子上，可以固定某一样物体。心理力量本身是一种无形的能力，它潜藏在每个人的心中，但当你激发它时，你就会像锤子受到力的作用一样，作用于你要实现的目标。

潜意识与心理

人的潜意识经常会受到外界信息的影响，从而作用于心理，影响一个人的状态。

++

一个心理素质低、心理承受能力差的人，无论他有多强的实力，多大的能力，也都很难成功。面对竞争的对手，首先在心理上产生压力，丢掉夺取胜利的信心，你就会自己打败自己。

1959 年第 25 届世界乒乓球锦标赛，我国选手容国团挺进了男子单打决赛，他的对手是匈牙利老将西多。

俗话说："冤家路窄。"当时在世界上所有的乒乓球运动员中，容国团最发憷的就是西多。以往两人曾数次交手，容国团一次也没赢过。就在前些天的团体赛上，容国团又以 0:2 败给了他。所以，还没等上阵，容国团就先怯了三分。

以这种心理状态登场，肯定凶多吉少。面对这种情况，乒乓球队的领导果断决定：容国团进行决赛时，由运动员杨瑞华当场外指导（当时乒乓球队的教练是傅其芳）。原来，杨瑞华和容国团相反，和西多的几次对阵从来未输过。就在前几天的团体赛上，又以 2:0 战胜了西多。所以，有杨瑞华在场外助阵，容国团的心里就踏实多了。

比赛形势果然如中国队所料，西多虽然胜了第一局，但中间休息换场地时，他突然发现向容国团面授机宜的不是傅其芳，而是自己的克星杨瑞华时，心里顿时发了毛。自己的教练说了些什么，他一点也没听进去，眼睛紧紧地盯着杨瑞华，看他对容国团做什么手势。

两人再次上阵,形势急转直下,西多忧心忡忡,乱了阵脚;而容国团则士气大振,越打越勇,终于连胜3局,以3∶1战胜了西多,为中国夺得了第一个世界冠军。

心理学启示

这场决赛与其说是一场实力战,不如说是一场心理战。中国队抓住了西多对杨瑞华的恐惧心理,对他展开了心理攻势。这就是“潜意识”在作怪。西多屡次败给杨瑞华,对他本能地有一种否定性的情绪体验。这种心理刺激,在他不知不觉的、没有意识到的、也控制不住的时候就使他产生了恐惧心理。

我们常说一朝被蛇咬,十年怕井绳,心理上的阴影或者恐惧感往往是让人失败的根本原因。人的成长不光是知识的增长和阅历的增加,心理承受能力的增强、自我认知能力的提高也是非常重要的一部分。

心理创造伟大奇迹

不管生活多么困苦,太阳依然会升起,阳光依然会照耀大地。所以要相信不幸和痛苦迟早会过去,等待你的是美好的明天。

++

我们经常慨叹某个人创造了奇迹,将不可能变成了可能。人们在向他投以羡慕的目光时,是否意识到,奇迹的诞生除了能力、意志品质之外,心理力量也起了举足轻重的作用。

在第二次世界大战期间，正在攻读精神病学博士的年轻小伙子维克多·弗兰克因为具有犹太血统而被德国纳粹分子关进了集中营里。

在纳粹集中营里，维克多·弗兰克每天都可以看见因为忍受不了暗无天日的生活和丧失人性的残酷折磨而发疯甚至是自杀的人。

维克多·弗兰克也很恐惧，但他尽量强迫自己不去看和想这些可怕的事情，而是努力地回忆着从前那充满阳光的快乐生活：想绿草如茵的医学院，想妈妈烘烤的曲奇，想美丽可爱的女友；除此之外，维克多·弗兰克还逼迫自己去刻意地幻想着将来走出纳粹集中营之后的生活：想象自己以后会遇到的各种幸运和奇迹，想象自己将来会创建一番非常了不起的事业……

就这样，维克多·弗兰克每时每刻都处于一片美好的回忆和幸福的幻想之中，不但变得无忧无虑，而且脸上还总是挂着灿烂的笑容。

终于，在德国纳粹分子战败之后，维克多·弗兰克脚步轻盈地走出了集中营，脸上不但没有丝毫的疲惫、痛苦以及恐惧，相反整个人都是精神抖擞的。

维克多·弗兰克的亲朋好友不敢相信，一个在纳粹分子的魔窟里关押并且饱受摧残的人竟然还能保持如此年轻快乐的心，纷纷赞叹地说："维克多·弗兰克，你创造了一个伟大的奇迹呀！"

心理学启示

希望是一个人活着的动力，有希望人才有活下去的勇气。心理学上讲，人体如同一个大的化工厂，你有什么样的心情，身体就进行什么样的化学合成。保持好的心情对身体健康是十分重要的。拥有一份好心情，经常想象生活的美好，想象未来人生的幸福，再大的伤痛都不会把你打倒。

当一个人看不到生活里的阳光，会变得苍白无力，但是如果你相信生活的每个角落里正将要有阳光洒下，备受苦难折磨时就能变得乐观。但是只有乐观还不够,还要学会坚强,学会如何用乐观去承受痛苦,并打倒痛苦。就像心理学家所说的:"每个人在遇到困难的时候都需要乐观、勇气和坚强。但是,生活的太阳不光是由这三样东西组成的,我们要不断寻找新的阳光,让自己的人生更加完美。"

不要被霉运弄得垂头丧气

对于心里充满阳光的人来说,每一天都是阳光明媚的。

++

人的一生不会永远是晴天,暴风雨随时有可能到来,面对困境,我们要坚定自己向往美好的心,振臂高呼"让暴风雨来得更猛烈些吧!"要相信,暴风骤雨过后,天空会更蓝,彩虹会更美!

罗维尔·汤马斯的人生出现了高潮。首先,他主演了一部关于艾伦贝和劳伦斯在第一次世界大战中出征的著名影片。

而最好的是:影片用上了他和几名助手在几处战事前线拍摄的战争镜头,他们用影片记录了劳伦斯和他那支多彩多姿的阿拉伯军队,也记录了艾伦贝征服圣地的经过。影片中,他那个穿插在电影中的演讲——"巴勒斯坦的艾伦贝与阿拉伯的劳伦斯",在伦敦和全世界都造成了轰动。

伦敦的歌剧决定延后六个礼拜,仅仅为了让他在卡文花园皇家歌剧院继续讲这些冒险故事,并放映他的影片。在伦敦得到巨大成功之后,罗维尔·汤马斯又成功地旅游了几个国家,然后他花了两年的时间,准备拍摄一部在印度和阿富汗生活的纪录片。

不幸的事情在这个时候发生了:经过一连串令人难以置信的霉运后,不可能的事情发生了——罗维尔·汤马斯发现自己破产了。

日子开始窘迫起来。汤马斯不得不到街口的小饭店去吃很便宜的食物。事实上，如果不是知名画家詹姆士·麦克贝借给汤马斯钱的话，他甚至连食物也吃不到。

庞大的债务、窘迫的生活一下子压在了罗维尔·汤马斯身上，虽然他极度失望，但他很自信，并不忧虑。他知道，如果他被霉运弄得垂头丧气的话，他在人们眼里就会一钱不值，尤其是他的债权人。

因此，每天早上出去办事之前，罗维尔·汤马斯都要买一朵花，插在衣襟上，然后昂首走上街。他积极勇敢，不让挫折把他击倒。对他来说，挫折是整个事情的一部分，是你要爬到高峰所必须经过的有益训练。

心理学启示

这是一个心底充满阳光的人，那朵鲜艳的花就象征他永远充满生机的人生。对于每个人来说都有面对生活中的阴霾的时候，如果你是天空的主宰，你是选择拨开乌云露出阳光还是躲在云后？不要选择做云后的旁观者，那会让你失去享受蓝天的权力。就像文章最后所说：“挫折是整个事情的一部分，是你要爬到高峰所必须经过的有益训练。”

每个人都渴望自己的生活中能够多一点快乐，少一点痛苦，多一些顺利，少一些挫折，但是人生在世，谁也不能永远顺心如意。面对苦痛和挫折，保持一种恬淡平和的心境，在心里积蓄积极的力量，总有一天好运会再次光临。

心灵的韧度由自己打造

人的心理具有极强的可塑性，对于那些坚强的人来说，他们永远选择让自己的心充满韧性。

++

坚强的心并非与生俱来,它是在一次次痛苦的磨砺中造就的。俗语说:“古之立大事者,不谓有超世之才,亦必有坚忍不拔之志。”不要害怕困难,再大的困难也战胜不了你坚强的心。

在一座高山上的古庙里,生活着一位人人敬仰的智者。

这天,一个失意的年轻人艰难地爬上山来,向智者询问成功的秘诀。智者递给他一粒带壳的花生,说:“来吧,用力捏碎它。”

只稍稍用了一点儿力,年轻人就把花生捏开了,饱满圆润的花生米一下子就蹦了出来。

但是,智者却微微一笑,叫他再用力去搓花生米。年轻人也照着办了,搓下红色的花生皮儿,只留下了白白的果实。

智者再叫他用力去捏。年轻人甚是迷惑不解,但还是照着做了。但不论他怎么用力,也捏不碎这粒花生仁。

这个时候,智者才语重心长地告诉年轻人:“虽然屡屡遭受打击与磨难,也失去了很多东西,但始终都要拥有一颗坚强不屈的心,只有这样才会有美梦成真的希望啊!”

心理学启示

人能够承受多大的压力,有着多强的韧性,其实我们常常是弄不清楚的,我们更清楚的是生命的脆弱。但是也有一些人面对千百次沉重的打击,依然从容而坚定地走着自己的人生路。他们如此活在世上就仿佛是要证明给人们看:生命到底是怎样的坚韧。

心理专家说,人心的力量有多大,你试一试就知道了,人的心理还有许

多我们未知的潜在力量。挫折犹如一把利剑，第一次刺向我们，可能我们因此会受到伤害，但是当我们打造出心灵的韧度之后，就犹如掌握了盾的用法，在挫折中磨砺了自己的意志，使自己能屈能伸，百折不挠。

在心里留有梦想

人要学会识别现实与梦想的差距，然后在现实中为自己寻找位置，向着梦想拼搏前进。

++

生活中的许多事情我们是能够做到的，只是我们不知道自己能够做到。梦想对于一个人的一生是重要的，一个人有什么样的梦想就会有什么样的命运。梦想的大小往往决定了一个人人生事业的大小，梦想的远近，也往往决定了一个人人生的狭隘与广阔。梦想，就在心里孕育。

伯兰先生是美国洛杉矶首屈一指的富翁与慈善家，很多人都特别敬重他，以他的财产和豪宅为毕生追求的目标。

一天晚上，伯兰先生回家时看见一个衣衫褴褛的年轻人，正仰着脸出神地望着天空，于是就问他："年轻人，你在做什么呢?"年轻人回答道："我在数星星呢，有多少星星就有多少梦想。"

伯兰先生笑了，继续问他："那么，你的梦想是什么?"

"实不相瞒，先生，我最大的梦想就是拥有一个豪华的房间，拥有一张超过自己身体两倍长的大床，让我美美地睡上一觉。"年轻人说着，眼睛里流露出无限的渴望。

热衷于慈善事业的伯兰先生立即答应了年轻人的要求，把他领到自己豪宅里的一个房间里，说："今晚你就是这个房间的主人。"说完，他充满微笑地走开了。

第二天早晨,伯兰先生过来看望年轻人时,却发现钥匙放在窗台上,房间并没有被打开的痕迹,里面的物件整齐有序地维持着原样,也就是说,那个年轻人根本没进房间。伯兰先生很诧异,忽然间,他想到了这间房的锁是保险锁,除了用钥匙,还需要输进密码才能打开,昨晚,由于疏忽,他竟然忘记了告诉年轻人开门的方法。他为此后悔不已,出门寻找时,年轻人早已不知去向。

之后的几天,伯兰先生一直在为自己的不负责任感到遗憾,由于自己的大意,破坏了一个年轻人毕生的梦想,而这些,不是用金钱可以换取的,他最终没能找到年轻人的下落。

十年后的一天,华盛顿郊区有一位富翁给伯兰先生来了一封信,请他去自己的豪宅参加一场别开生面的酒会。伯兰先生感到很纳闷,自己在华盛顿地区没有几个朋友,再加上这个住所挺陌生的,但他还是怀着好奇心驱车前去了。

酒会上,一位中年富翁正在招待来宾。当伯兰先生到达时,中年人赶紧迎上前来,热情洋溢地拥抱着伯兰先生,说:“伯兰先生,你还记得十年前你家门前的那个年轻人吗?”

伯兰先生努力地搜索着记忆,当他明白眼前的中年人就是那晚的年轻人时,他一脸愧疚地握着对方的手说:“对不起,先生,当时我确实是疏忽了!”

“不,伯兰先生,我要特别感谢你,当我将钥匙插进门锁时,无论我怎么努力,我都无法打开通往理想的大门,我只有隔着窗户欣赏里面的豪华。后来,我想明白了,这把钥匙是不适合我的。如果我能够如愿以偿地进入房间里,那么我会瞬间失去梦想,终日生活在一个安逸的牢笼里。庆幸的是,不能打开房门使我明白了,那些荣华和富贵不属于我,我没有资格去得到它们。但从那时候起,我就时时地告诫自己:梦想仍在延续,总会有一把钥匙属于自己。”

年轻人名叫格桑，通过十年多的努力奋斗，他也成为华盛顿地区最为富有的大亨之一。

心理学启示

很多人在心底都留有梦想，且梦得很美。要实现梦想，只有遐想是徒劳的，要去拼搏奋斗，享有唾手可得的梦想果实对于真正有梦想的人是一种侮辱，还可能会让他们感到自卑。在梦想面前低头，对于智者来说更是不明智的选择。人要学会识别现实与梦想的差距，然后在现实中为自己寻找合适的位置，向着梦想拼搏前进。

心理学家说，梦想在人的心里具有强大的力量，在梦想还未实现时，你心底的这股力量就不会消失。哲人说，有梦想就会有明天，我们的心所向往的就是我们最想得到的，它是我们生活的动力。

改变命运的力量在心中

别人的看不起和侮辱，可以使你一蹶不振，也可以成为促进你成长的力量，关键是自己有没有一颗自尊自爱的心。

++

人之所以不同于别人，是因为他们的心选择的方向不同。平凡与平庸、尾随与超越、突破与淘汰、对决与妥协，你心里所做出的决定，使得你处于今天的境地。

这是在心理学课堂上经常被引用的一个小故事：

有一位青年画家,住在一间狭小的房子里,靠画人像为生。

一天,一个富人经过那里,看他的画工细致,便请他画一幅人像。双方说好酬劳是一万元,都同意了以后两个人还签了合同。

一个星期后,人像完成了,富人到年轻画家那里取画。富人欺他年轻又未成名,不肯按照原先的约定付钱,他心想:画中的人像是我,这幅画如果我不买,那么绝对没有人会买。我又何必花那么多钱来买呢?

于是富人赖账,他说只愿花3000元买这幅画。青年画家愣住了,据理力争,要求富人遵守约定。

"我只能花3000元买这幅画,你别再啰嗦了。"富人说,"我最后再问你一次:3000元,卖不卖?"青年画家知道富人故意赖账,心中愤愤不平,他坚定地说:"不卖!我宁可不卖这幅画,也不愿受你的侮辱。将来我一定会要你为今天的失信付出十倍的代价!"富人悻悻离去了。

经过这件事后,画家搬离了这个地方。他重新拜师学艺,十几年后,终于闯出了一片天地,成为一位在艺术界知名的人物。

这一天,富人的几个朋友突然都不约而同地和他谈起一件怪事:"这些天我们去参观一位成名艺术家的画展,其中有一幅画标价10万,画中的人物跟你长得一模一样。好笑的是,这幅画的标题竟然是'贼'!"

富人也很奇怪,不明白天下怎么会有这么巧的事,过了一会儿,他猛然想起了从前那幅他没买的画像……

最后,富人不得不找到那位画家,花了10万元买回了自己的人像画。

心理学启示

因为一念之差,年轻人失去了一次获得金钱的机会,又是因为一念之差,年轻的画家保住了自尊和人格。那些无信的人就算机关算尽,也终归是唯利是图的小人,久而久之,会受到社会的排斥和谴责,最终尝到自己种下

的苦果。

如果一个人凭着自己良好的品性，能让人在心里认可你、信任你，那么你就有了一笔成功的资本。如果你希望闻名世界、流芳百世，首先要在心里集聚积极的力量。也许你此时境遇艰难，甚至受人白眼，如果你在心里妥协，你的人生就停止在这个高度；如果你选择突破，你会发现，你的心里原来还存有更加强大的力量可以支撑你不断前进。

谎言总是藏在心里的最深处

心理学家说，谎言在人的心里，有时会起到不可思议的力量。

++

在心理学领域，谎言其实是个中性词，很难简单地评价它是好是坏，在有些情况下，说谎是可恶的，而在有些情况下，说谎却是一种善意的行为。谎言在我们的生活中扮演着重要的角色，人要做到百分百的诚实那是极不现实的，生活中的多数人都说过谎。

曾听说过这样一个令人为之动容的故事：

他和她相识在一个宴会上，那时的她年轻美丽，身边有很多的追求者，而他却是一个很普通的人。因此，当宴会结束，他邀请她一块去喝咖啡的时候，她很吃惊，然而，出于礼貌，她还是答应了。

坐在咖啡馆里，两个人之间的气氛很尴尬，没有什么话题，她只想尽快离开。但是当小姐把咖啡端上来的时候，他却突然说："麻烦你拿点盐过来，我喝咖啡习惯放点盐。"当时，她都愣了，小姐也愣了，大家的目光都集中到了他身上，以至于他的脸都红了。

小姐把盐拿过来了，他放了点进去，慢慢地喝着。她是好奇心很重的女子,于是开口问他:“你为什么要加盐呢?”他沉默了一会,很慢的几乎是一字一顿地说:“小时候,我家住在海边,我总是在海里泡着,海浪打过来,海水涌进嘴里,又苦又咸。现在,很久没回家了,咖啡里加盐,就算是想家的一种表现吧。”

她突然被打动了,因为,这是她第一次听到男人在她面前说想家,她认为,想家的男人必定是顾家的男人,而顾家的男人必定是爱家的男人。她忽然有一种倾诉的欲望,跟他说起了她远在千里之外的故乡,冷冰冰的气氛渐渐地变得融洽起来,两个人聊了很久,并且,她没有拒绝他送她回家。

从这以后,两个人频繁约会,她发现他实际上是一个很好的男人,大度,细心,体贴,符合她所欣赏的所有的优秀男人应该具有的特性。她暗自庆幸,幸亏当时有礼貌,才没有和他擦肩而过。她带他去遍了城里的每家咖啡馆,每次都是她说:“请拿些盐来好吗?我的朋友喜欢咖啡里加盐。”再后来,就像童话书里所写的一样,“王子和公主结婚了,从此过着幸福的生活。”他们确实过得很幸福,而且一过就是四十多年,直到他前不久得病去世。

故事似乎要结束了,如果没有那封信的话。

那封信是他临终前写的,写给她的:“原谅我一直都欺骗了你,还记得第一次请你喝咖啡吗?当时气氛差极了,我很难受,也很紧张,不知怎么想的,竟然对小姐说拿些盐来,其实我不加盐的,当时既然说出来了,只好将错就错了。没想到竟然引起了你的好奇心,这一下,让我喝了半辈子的加盐的咖啡。有好多次,我都想告诉你,可我怕你会生气,更怕你会因此离开我。

现在我终于不怕了,因为我就要死了,死人总是很容易被原谅的,对不对?今生得到你是我最大的幸福,如果有来生,我还希望能娶到你,只是,我可不想再喝加盐的咖啡了,咖啡里加盐,你不知道,那味道有多难喝。咖啡里加盐,我当时是怎么想出来的!”

信的内容让她吃惊,同时有一种被骗的感觉。然而,他不知道,她多想告诉他:“她是多么高兴,有人为了她,能够做出这样的一生一世的

欺骗……”

心理学启示

诚实是心中最美的一朵花，小时候，家长和老师经常给我们讲“狼来了”的故事，可是事实上，生活中的谎言从来没有减少过。心理学家分析说，说谎可能是出于一种自我保护，有时候是为了达到自己的某种目的。对那些善良的人来说，有时候谎言也能够造就一种美丽。

善意的谎言往往能够制造美丽的结果。当我们为了他人的幸福和希望适度地说一些小谎的时候，谎言也就变成了理解、尊重和宽容，并且也具有神奇的力量。美丽的谎言让我们找到更多笑看风云的勇气，带来更多笑对人生的动力。日复一日，我们坚强，执著，努力争取，最后克服人性的弱点，带着梦想继续走下去。

自己拯救自己

没有精神的超越，就没有身心的健康，只有身体和心灵同时健康，才能以崭新的精神风貌去迎接生命的旅程并战胜各种坎坷，使人生活得更加充实而又丰富多彩。

++

住在加拿大的丽莲·海德莱太太开朗快乐，是一个普通的家庭主妇和母亲，有一天，她驾车出行不小心翻入一道深沟。

最初海德莱太太的脊椎骨被误诊为已经摔断，但实际上，X光照片上看不出她的脊椎骨已折断,不过是骨刺脱离了外面的附着物。医生要她至少卧床3个星期,并且告诉了她这个不幸的消息。

“做好心理准备,”医生说,“你的脊椎骨严重硬化,也许5年之后,你就不能动了。”

海德莱太太这样回忆当时的情形:

“当时,我被吓呆了。我向来活泼开朗,喜欢克服一切困难,但是如今有个无法克服的困难出现了。我的勇气和乐趣因卧床的时间从3个星期向无限期延长而逐渐丧失。我的内心越来越恐惧,越来越软弱。

“有一天早上,我的神智十分清醒。我对自己说,5年并不是很短的时间啊!我能帮助家人做很多事情。配合医生的治疗,再加上我的决心,也许我的状况能得到改善。我不想未经奋斗就投降,我要尽我所能活动起来。一旦有了信念和决心,我突然来了力量,我要马上行动。软弱和恐惧不复存在,我挣扎着下了床……我的新生活开始了。

“我不断地以两个字激励自己:‘继续,继续,继续!’

“大约5年半以后,一个清爽的早晨。我照了X光,脊椎骨至少再过5年也不会有问题。医生要我积极乐观,对生活充满兴趣,勇敢地活下去。我也正有此念,只要有一块肌肉能动,我就要继续活下去。”

心理学启示

心理学上讲,人的情绪对健康有很大的影响,在我国,古时候就有“内伤七情”之说,这种看法认为:当人的“喜、怒、忧、思、悲、恐、惊”过伤时,会导致人的生理疾病。

人的情绪是很微妙的,很多情绪在左右着自己的行为,积极的情绪状态可以增强人的抵抗力,你也会因此坚强、成熟。而消极的情绪状态则会徒耗人的生命。所以,哪怕只有星星点点的希望,我们也要守望,要坚定信心,呼

喊出生命无言的力量。有一天,你会忽然发现自己的臂膀又重新坚硬,生命是如此顽强。

拥有一颗坚强的心

懂得一笑置之的人,有着一颗坚强的心,面对悲痛,当我们能一笑而过时,也就意味着你将会有莫大的幸福。

++

心理学家称:情绪影响行为,把握住自己的情绪,就能找到幸福的感觉。保持平衡的心态,用平和的心态处事,你就能做最快乐的自己。

一位妇人,她几乎经历了一个普通女人所能经历的所有不幸:幼年时父母先后病逝,好不容易找到了工作,又因不同意做厂里某领导人的儿媳而被挤出厂门。嫁了个当兵的丈夫,婆婆却对她十分苛刻,婆婆过世后丈夫又因外遇弃她而去。现在,她领着女儿独自度日,似乎过得十分平静。

一个阳光明媚的日子,她的朋友去她家闲坐,女儿在一边玩耍。她们边聊天边和小姑娘逗笑,不经意间触动了往事。朋友赞叹她遭遇这么多挫折却活得如此坚强平和。她笑笑,给朋友讲了一个故事:

两个老裁缝去非洲打猎,路上碰到一头狮子,其中一个裁缝被狮子咬伤了,没被咬伤的那位问他:“疼吗?”受伤的裁缝说:“当我笑的时候才感到疼。”

“我也是这样的。”妇人对朋友笑道,“我被狮子咬了许多口,但我的一贯原则是:忍着痛,笑也好,哭也好,只要有感觉就有生命,只要有生命就有灵魂,只要有灵魂就有生存的意义、希望和幸福。”

心理学启示

心理学家告诉我们:当我们用“世上无难事”的人生观来思考问题时,每件让你烦恼的事情都不再是煎熬,懂得一笑置之的人,有着一颗坚强的心,面对悲痛,当我们能一笑而过时也就意味着你将会有莫大的幸福。不可抗拒的困难有很多,但是,如果我们带着那颗坚强乐观的心,人生就会变得格外美好。

一位伟人曾经说过:“要么你去驾驭生命,要么是生命驾驭你。你的心态决定谁是坐骑,谁是骑师。”事情既然已经发生了,无法改变了,那我们就应该吸取教训,以积极的心态对待接下来的生活。当你突然得到了身外之物时,一定要保持平和的心态,不要因为极度开心就忘乎所以。在遇到灾难时,要学会尽快解脱,不要整天沉浸在悲痛之中。

心是永远摔不碎的

心理学家说,人承受打击的能力实际上是很强的,我们的心是世界上最坚韧的东西,痛苦和磨难可以摧垮一个人的身体,却摧不垮心灵,只要心灵不垮,我们总会完好地站起来。

++

一个农民,初中只读了两年,家里就没钱继续供他上学了。他辍学回家,帮父亲种地。在他19岁时,父亲去世了,家庭的重担全部压在了他的肩上。他要照顾身体不好的母亲,还有一位瘫痪在床的祖母。

20 世纪 80 年代，农田承包到户。他把一块洼地挖成池塘，想养鱼。但乡里的干部告诉他，水田不能养鱼，只能种庄稼，他只好又把池塘填平。这件事成了一个笑话，在别人的眼里，他是一个想发财但又非常愚蠢的人。

听说养鸡能赚钱，他向亲戚借了 500 元钱，养起了鸡。但是一场洪水过后，大闹鸡瘟，他养的鸡几天内全部死光。500 元对别人来说可能不算什么，对一个只靠三亩薄田生活的家庭而言，不啻天文数字。他的母亲受不了这个刺激，竟然忧郁而死。

他后来酿过酒，捕过鱼，甚至还在石矿的悬崖上帮人打过炮眼……可都没有赚到钱。

35 岁的时候，他还没有娶到媳妇。即使是离异的有孩子的女人也看不上他。因为他只有一间土屋，随时有可能在一场大雨后倒塌。娶不上老婆的男人，在农村是没有人看得起的。

但他还想搏一搏，就四处借钱买了一辆手扶拖拉机。不料，上路不到半个月，这辆拖拉机就载着他冲入一条河里。他断了一条腿，成了瘸子。而那拖拉机，被人捞起来，已经支离破碎，他只能拆开它，当做废铁卖。

几乎所有的人都说他这辈子完了。

但是后来他却成了这个城市里一家公司的老总，手中有 2 亿元人民币的资产。现在，许多人都知道他苦难的过去和富有传奇色彩的创业经历。许多媒体采访过他，许多报告文学描述过他。有这样一个情节让人印象深刻：

记者问他："在苦难的日子里，你凭什么一次又一次毫不退缩？"

他坐在宽大豪华的老板台后面，喝完了手里的一杯水。然后，他把玻璃杯子握在手里，反问记者："如果我松手，这只杯子会怎样？"

记者说："摔在地上，碎了。"

"那我们试试看。"他说。

他手一松，杯子掉到地上发出清脆的声音，但并没有破碎，而是完好无损。他说："即使有 10 个人在场，他们都会认为这只杯子必碎无疑。但是，这只杯子不是普通的玻璃杯，而是用玻璃钢制作的。"

心理学启示

绝处逢生是怎么样的一种情景，像故事描写的那样，抓住命运的手不会放松，那种坚毅的心中藏着很多感情，不会怨恨，因为他知道命运不会就此停止前行；他满怀自信，只有这样他才能沉浸于生活中并实现自己的意志；他不会放弃，因为他知道击败自己的不是外在的力量，而是自己的内心。于是他一路前行，逆境变成了自己的财富，最终证明自己拥有的一切。

一个人的心中究竟蕴藏着多少力量？没人能知道，因为答案是无穷。你觉得它有多大的力量它就有多大力量，你告诉它你就是一张薄薄的纸，那么它可能真的一碰就破了；如果你说它是钢筋铁骨禁得起任何捶打，那么它就可以承载起百层的高楼。

获得自己想要的结果

在心里永不放弃的人，总能够获得自己想要的结果。

++

一位心理学家说，生活真是有趣：如果你只接受最好的，你经常会得到最好的。只要你敢于坚持，往往都能获得自己想要的结果。

有一个人经常出差，经常买不到对号入座的车票。可是无论长途短途，无论车上多挤，他总能找到座位。

他的办法其实很简单，就是耐心地一节车厢一节车厢找过去。这个办法听上去似乎并不高明，但却很管用。每次，他都做好了从第一节车厢走到

最后一节车厢的准备，可是每次他都不用走到最后就会发现空位。他说，这是因为像他这样锲而不舍找座位的乘客实在不多。经常是在他落座的车厢里尚余若干座位，而在其他车厢的过道和车厢接头处，却人满为患。

他说，大多数乘客轻易就被一两节车厢拥挤的表面现象所迷惑，不细想在数十次停靠之中，从火车十几个车门上上下下的流动中蕴藏着不少提供座位的机遇；即使想到了，他们也没有那一份寻找的耐心。眼前一块小小立足之地很容易让大多数人满足，为了一两个座位背着行囊挤来挤去有些人也觉得不值。他们还担心万一找不到座位，回头连个好好站着的地方也没有了。与生活中一些安于现状、不思进取、害怕失败的人，永远只能滞留在没有成功的起点上一样，这些不愿主动找座位的乘客大多只能在上车时最初的落脚之处一直站到下车。

心理学启示

长长的车厢就像是我们的人生旅途，一开始我们都要用自己稚嫩的肩膀去扛起沉甸甸的梦想，在前行的过程中我们承受着一次又一次的失败，在实践中我们迷失过，彷徨过，想放弃人生想要到达的终点。可是最终我们没有选择放弃，因为我们知道，生活就是在实践的反反复复中找到方向，没有试过，永远不知道原来生命中还有那么多的可能和希望。于是，我们勇敢着，自信着，执着着，一路风尘的奔向属于我们的未来。

宋代诗人陆游有云："纸上得来终觉浅，绝知此事要躬行。"心理学家分析说，有过一次失败的经历你会对你的成功记忆犹新，失败后对成功的再次冲击，你将学会去调整自己的方法，自己的情绪，自己的目标，更加有经验，更加从容地去面对过程中的重重困难。

要看到自己的优势

一位心理学研究者说,我只看我所有的,不看我没有的。我的优势首先在我的心理。

++

生活中的每个人都要努力展现自己杰出的一面,这是心理的需求,更是生存的需要。那些大声地对自己说,我就是独一无二的人;那些在困难面前,勇敢地站出来的人,在别人都束手无策的时候,发出自己的声音,展现自己的思想和才华。

麦蒂是一名心理学教授,有一天,他来到疯人院参观,了解疯子的生活状态。一天下来,觉得这些人疯疯癫癫,行事出人意料,可算大开眼界。在准备返回时,他发现自己的车胎被人卸掉拿走了。"一定是哪个疯子干的!"教授这样愤愤地想着,动手拿出备胎准备装上。这时他发现事情严重了。卸下车胎的人居然将螺丝也拿走了。没有螺丝,有备胎也没用啊!教授一筹莫展。在他着急万分的时候,一个疯子蹦蹦跳跳地过来了,嘴里唱着不知名的歌曲。他发现了困境中的教授,停下来问发生了什么事。

教授懒得理他,但出于礼貌还是告诉了他。

疯子哈哈大笑说:"我有办法!"他从每个轮胎上拧下一个螺丝,这样就拿到三个螺丝将备胎装了上去。教授惊奇感激之余,大为好奇:"请问你是怎么想到这个办法的?"疯子嘻嘻哈哈地笑道:"我是疯子,可我不是呆子啊!"

心理学启示

人们看待别人时总会根据他的面容、穿着、身份、语言等有一个先入为主的认识和评价，很多时候，这种主观的认识是错误的。就如故事中的教授一样，他的聪明才智远远胜于一个疯子，但在关键时刻，思维的反应却不及他。

从中我们也可以看到，每个人都有自己的强项和弱项，也许教授的逻辑思维比较强，适合搞科研，而疯子的发散思维更好，灵感更多，更适合搞艺术。其实每一个人都有自己杰出的一面，你不要因为别人的外貌、学历等不如你就产生轻视心理，也不要因为自己表面上看起来寒酸或地位卑微就心生自卑。一个人，当他发现自己的优势，释放它、让它闪光时，他的人生就会大不相同，心理也会更趋向于积极和乐观。

保有一颗冒险的心

只要你勇敢，世界就会让步。如果有时它战胜你，你就要不断地勇敢再勇敢，世界总会向你屈服。

++

人的心理总是向往安全、安逸，不自觉地逃避危险的处境。你可以选择走更为平坦的路，但你不能没有一颗冒险和尝试的心。哲人说，许多伟大奇迹的发生，起初只是因为一颗充满对冒险向往的心，一颗勇敢的心。

人生需要舞台，每一个渴望获得成功的人，都要努力在属于自己的舞台上展现自己的风采。但是,人心里的惰性又是天生的,总希望面对同样的状况,能用同一种方式来处理,然后习惯成自然,通过重复的量的积累,实现自我超越,就算有冒险与创新的想法,也因为怕麻烦和风险而不愿实施。那些做事依靠量的积累的人,通常也只能收获量的变化,而非质的超越。

被誉为"20世纪世界奇人"的美国盲聋作家、教育家海伦·凯勒,就信奉这样的座右铭:"人生要是不能大胆地冒险,便一无所获。"只有勇敢地突破环境的束缚,改造自己,才有实现质变的可能。

恺撒则说:"懦夫在未死之前,已经经历多次死亡的恐怖和痛苦。"那些做事前总是前思后想,犹犹豫豫,甚至投鼠忌器的人,在丧失机会的同时,也会禁锢自己前进的脚步。成功的捷径之一就是要敢于冒险,如果你也不想一辈子平庸无奇、碌碌无为,那么,你不妨冒险一次,在人生的关键时刻,奋力一搏。

一位心理学家在课堂上讲过这样一个故事:

有一天,龙虾与寄居蟹在深海中相遇,寄居蟹看见龙虾正把自己的硬壳脱掉,只露出娇嫩的身躯。寄居蟹非常紧张地说:"龙虾,你怎么可以把唯一保护自己身躯的硬壳也放弃呢?难道你不怕有大鱼一口把你吃掉吗?以你现在的情况来看,连急流也会把你冲到岩石上,到时你不死才怪呢?"

龙虾气定神闲地回答:"谢谢你的关心,但是你不了解,我们龙虾每次成长,都必须先脱掉旧壳,才能生长出更坚固的外壳,现在面对危险,只是为了将来发展得更好而作出准备。"

英国剧作家萧伯纳有句名言:"对于害怕危险的人,这个世界总是危险的。"也许前方的路看似艰险无比,但只要你勇敢地迈步向前,去感受这一路上的风景,总比在原地踏步要好得多。

心理学启示

泰戈尔说，人活着就要像一支和顽强的崖口进行搏斗的狂奔的激流，你应该不顾一切纵身跳进那陌生的、不可知的命运，然后，以大无畏的英勇把它完全征服，不管有多少困难向你挑衅。敢于冒险的人，终将在冒险的过程中看到属于他自己的绮丽的风景。

英国小说家萨克雷则认为："只要你勇敢，世界就会让步。如果有时它战胜你，你就要不断地勇敢再勇敢，世界总会向你屈服。"冒险是成功者的特质之一，每一个想要出类拔萃的人，都会将这种品质发扬光大。事实上，对于那些害怕危险的人，危险无处不在。胆商高的人能够把握机会，该出手时就出手。没有敢于承担风险的胆略，任何时候都成不了气候。而大凡成就大事业的人，都是具有胆略和魄力的。而在冒险的过程中，你也会体味到不一样的刺激和快乐。

在心里保有奋斗的激情

奋斗是人生永恒的主题，即使那些功成名就的人，丢失了奋斗的激情，也会失去人生中大部分的快乐。

++

父亲退休时已有六十多岁了。在那以前，他做了大约三十多年乡间邮差，一个星期有六天他都跋涉在佐治亚州东北部的山区里，为人们送信。

在他八十岁生日时，我写给他一封信，信中特别说了几句表示孝心的话。我说我们全家人都希望他身体健康,心情愉快,能够在欢乐中安度晚年。总之,我希望他永远快乐。信的最后,我建议他和我母亲不要再干活了,应当完全放松自己,好好歇息。我认为,父亲操劳了一辈子,现在他们终于有了舒适的家和丰厚的退休金,几乎有了他们想要的一切,应该学学如何享受生活了。

后来,父亲回信了。他首先感谢我的好意,然后笔锋一转:"虽然我很感谢你的赞美,但是让我完全放松自己却吓了我一跳。"父亲承认没人喜欢走坑洼不平的路,"但是如果我事事都顺心如意,从来都碰不到困难的话,那或许是世界上最糟糕的事了。"

父亲在信中写道:"人生的意义不在于马到成功,而在于不断求索,奋力求成。每一件有意义的事都需要我们以坚强的信念去完成,这样,我们的生活才会更加充实,意志更加坚强。"

从他流畅的行文中,我似乎看到了父亲写信时高兴的表情:"我们一生中最美好、最愉快的日子,不是还清了所有欠款的时候,也不是我们真正得到这套靠血汗换来的住所的时候,这都不是。我记得在很多年前,我们全家挤在一套很小的住宅里,为了糊口,我们拼命工作,根本分不清白天还是黑夜。直到现在,我都不明白当时为什么不知道什么叫累,又怎么会不觉得生活是那么美好。我想大概是因为我们那时是在为生存而奋斗,是为保护和养活我们所爱的人而拼搏吧。"

心理学启示

心理学家说,每个人做事都渴望一帆风顺,但这是很难实现的。因此我们不要苛求生活中没有艰辛,而要理解人生的意义不在于马到成功,而在于不断求索的道理。人活着就需要不断奋斗,不管你年龄几何,不管你家境如何,只有奋斗,才能让你感受到生活的价值和生存的意义。

生活中的很多年轻人深深懂得奋斗的意义和价值，他们不做生活的旁观者，而是努力做生活的参与者、主宰者。在年轻时，你需要告诉自己：生活重要的是追求，而不是到达。我们要拒绝平淡，告别无为，让我们的青春在阳光下真正地飞扬起来，激荡起来。奋斗是一支水彩笔，在青春的舞台上，你要充满热情地挥舞自己手中的画笔，努力描绘自己美好的未来。

不要把自己的缺点深藏在心底

在心里对自己的缺陷过分在意的人，多少都会存有自卑的情感，他们习惯于低头，而不愿去尽力改变。

++

很多人都会觉得自身存在某些缺陷，因此也极力掩饰它。不愿意让别人知道自己的不足，有些人甚至因此产生了自卑心理。心理学家说，当一个人太在意自己的缺点，把它深藏在内心时，它就会变得很重很重。反之，当你看轻它时，它在你心里的分量也会随之减轻。

罗慕洛曾经长期任职菲律宾外长，但他穿上鞋子时的身高只有1.63米。年轻时，他也曾因自己的矮小而感到自卑，他与其他人一样，为自己的身材而自惭形秽。那时，他也穿过增高鞋，但这种方法终令他不舒服，他感到自欺欺人，于是便把它扔了。他勇于正视自己的缺陷，并不断奋斗，创造了许多流传至今的佳话。在他的一生中，他的许多成就却与他的“矮”有关，也就是说，矮反而促使他成功。以致他说出这样的话：“但愿我生生世世都做矮子。”

1935年，大多数的美国人尚不知道罗慕洛为何许人也。那时，他应邀到圣母大学接受荣誉学位，并且发表演讲。那天，高大的罗斯福总统也是演讲人，事后，他笑着怪罗慕洛“抢了美国总统的风头”。更值得回味的是，1945

年，联合国创立会议在旧金山举行。罗慕洛以无足轻重的菲律宾代表团团长身份，应邀发表演说。讲台差不多和他一般高。等大家静下来，罗慕洛庄严地说出一句："我们就把这个会场当做最后的战场吧。"全场顿时寂然，接着爆发出一阵掌声。最后，他以"维护尊严、言辞和思想比枪炮更有力量……唯一牢不可破的防线是互助互谅的防线"结束演讲时，全场响起了暴风雨般的掌声。后来，他分析道：如果大个子说这番话，听众可能客客气气地鼓一下掌，但菲律宾那时离独立还有一年，自己又是矮子，由他来说，就有意想不到的效果。

由这件事，罗慕洛认为矮子比高个子更有优势。矮子起初总被人轻视，后来，有了表现，别人就觉得出乎意料，不由得佩服起来，在人们的心目中，成就就格外出色，以致平常的事一经他手，就似乎成了石破天惊之举。

心理学启示

缺点或缺陷每个人都有，而更多的人面对天生的缺陷，都想办法尽力弥补，而有的人明知自己补救的做法是自欺欺人，毫无用处，但还是在自卑与偶然的自信中挣扎，不愿抬起头来，正视自身的缺陷。"但愿我生生世世都做矮子。"如果你也是一个矮子，你有勇气说出如此掷地有声的话吗？有人说，上帝是公平的，在给你关上一扇门的时候，他会给你打开一扇窗，只要你抬起头来，你就能看到明媚的阳光。耳聋的贝多芬如此，全身瘫痪的霍金也是如此，正是在抬起头正视自己缺陷的一瞬间，他们发现了自身的价值所在。

人生如浮云，匆匆几十年，一转眼就会过去。正如保尔所说，面对生活不因碌碌无为而悔恨，也不因虚度年华而羞耻。一个人能够拥有生命，这是他最大的福气，也是他最应该珍惜的。或许上天在不经意间跟你开了个玩笑，给予你残疾的身体、缺憾的心理，但这一切的苦难，都是为了让你的人生之花开得更加绚烂芬芳，更加持久动人。懂得正视缺点的人，他们往往能站

在缺点的地方展翅飞翔，将缺点化作成功的垫脚石。

强者的心中从来就无惧挫折

对于生活的强者来说，风浪总会格外汹涌，而他们的心，也会无一例外地选择坚强。

++

在一堂心理课上，老师面对几个考试成绩平平而垂头丧气的学生，说了下面这番话：

有一家专业杂志统计了一些诺贝尔文学奖得主曾经的遭遇，以此鼓励那些在困难面前意志消沉、容易放弃的人。

叶芝，1923 年诺贝尔文学奖得主，爱尔兰诗人，被退回的作品为 1895 年的《诗集》，编者对这部作品的评价是：读起来毫不感人，又不燃烧想象力，而且不启迪思考。

萧伯纳，1925 年诺贝尔文学奖得主，英国剧作家，被退回的作品为其代表作《人与超人》，出版商对他的评价是：他永远不会成为一般人心目中的流行作家，甚至一点钱都赚不到。

高尔斯·华绥，1932 年诺贝尔文学奖得主，英国小说家，被退回的作品为其代表作《福尔赛世家》第一部，退稿人说的是：作者写这部小书纯属自娱，全不理会广大的读者，因此可以说毫无畅销因素。

福克纳，1949 年诺贝尔文学奖得主，美国小说家，被退回的作品为其代表作之一《避难所》，出版商的评价是：老天爷，如果这本书也能出版，我们还不如一块去坐牢呢。

海明威，1954 年诺贝尔文学奖得主，美国小说家，被退回的作品为短篇小说集《春潮》,出版商说:如果出版这本书,我们不仅会被视为品质恶劣,甚至会被视为异常残忍。

贝克特,1969年诺贝尔文学奖得主,爱尔兰戏剧家及小说家,被退回的作品为其小说代表作《马龙死了》,编辑部认为:这部小说毫无意义,又不吸引人。

辛格,1978年诺贝尔文学奖得主,美国犹太小说家,被退回的作品为《在父亲那里》,评论是:太过平凡。

戈尔丁,1983年诺贝尔文学奖得主,英国小说家,被退回的作品为其成名作《蝇王》,出版商的评论是:你未能将看起来有潜质的构思成功地发挥出来。

由此我们看到,挫折并不可怕,可怕的是你的心因此而畏惧,使你因此而倒下。对于强者来说,他们的心里永远不会给困难以固定的位置,更不会让挫折在心里停留过长的时间。在挫折来临时就战胜它,这是强者共同的心声。

心理学启示

心理学家说,生活给予人的总不会一帆风顺,坎坷与荆棘,这是生活这盘大餐的配料,给予它更多的滋味,而这些磨难拼凑起来,就成了从地狱走向天堂的阶梯。经受一次磨难的洗礼,当战胜它之后,这个天梯就会增高一节,你也就会站得更高,看得更远。有人说,只有磨难才能造就人才。磨难是刀,它剜人心,让人心如刀绞;磨难是石,它磨人意志,让人心如磐石;磨难是福,它是难得的财富,令你的人生阅历丰富。

心理学家说,长的是一生,短的是磨难,在坚持不懈中,当目标的蜡烛燃烧到最后的时候,燃尽的是阻碍,闪烁的是成功者的光芒。你看,即使是诺贝尔文学奖得主也经历过如此多的坎坷,但他们有一个共同的特点,就是他们从来没有在挫折面前退缩,而是选择坚持下去,从而取得了辉煌的成就。认真看待但不畏惧挫折,它就会成为你成功路上的垫脚石。只有经历过地狱磨难的人,才会有更强的应对挫折的心理,才有建造天堂的力量。

第七辑

剔除心理毒瘤，积极做最真实的自己

Benefits From Psychological Revelations

人活着要做本色的自己，立身处世时要展现最真实的一面。无有虚荣之心的羁绊，没有浮躁之心的干扰，克服紧张心理的束缚，战胜畏惧心理的恐慌。将心多敞开一扇窗，让阳光彻底地洒进心底，接纳自己的真实，摆正自己的位置，将心灵的毒瘤逐一清除，心就会变得更纯净、更清爽。心理学家说，每个人都应该学会在艰辛与孤独中为自己打气，在失落与压力中找个出口透气。

接纳真实的自己

如果自己都不喜欢自己，别人怎么去喜欢你，人活着是为了自己。

++

“我坚持我的不完美，它是我生命中的真实本质。”热爱自己是一个人获得幸福的起点。不论在什么时候，在何种情况下，你都需要全面地接受你自己，因为只有这样你才可以更加安心地对待自己。

但人有一种心理很奇怪，总是更喜欢自己没有得到的东西，对上天赐予的、属于自己的也不会过分珍惜。因此，人的心里总会出现新的需求，不管得到了什么，都会不满足，不断有新的欲望。但不管怎样，你要努力做最真实的自己。

有这样一个女人，她对自己的脸蛋非常不满意，就跑去一家美容店准备整容。

第一次手术之后，女人隔一会儿就对着镜子看已经明显变化了的自己。但看着看着，女人就觉得自己的脸蛋还是不够漂亮，于是又来到了美容店。

第二次手术之后，女人高兴得乐翻了天，逢人便炫耀自己的脸蛋是多么的迷人。但没过几天，女人就感觉脸蛋有些变样儿了，于是就又来到了美容店。

……

就这样，女人几乎都在重复着前两次的情况：刚做完美容手术的时候，老觉得自己就是西施下凡、貂蝉在世，但过几天就觉得还是不够完美，只好再次去做美容手术。

如此折腾了 8 次之后，女人看着自己以前的照片，比对着镜子中“面目全非”的脸蛋,突然发现还是以前的自己最为完美。

于是,女人就求做美容手术的医生:“医生呀,您还是把我恢复到以前的模样吧!”这下子,做美容手术的医生可头大了:妈呀,这个女人是不是神经病啊,怎么美容手术做着做着又要求恢复到以前,哪有那么容易的事儿?

不过,在女人的苦苦哀求之下,做美容手术的医生还是心软了,就试着一点一点地把脸蛋往以前的模样进行恢复——历时2年,手术8次,女人总算回到了以前的自己。

这下子,女人高兴了,逢人就感叹道:“哎呀,美容来美容去,还是原来的自己最美丽嘛!”

古人云:金无足赤,人无完人。试着去接受你自己的一切吧,也许在刚开始的时候你会焦灼不安抑或是如履薄冰,但很快就会全身放松进而舒畅惬意了,如此下去你会发现:自己原来也是如此优秀!

心理学启示

如果自己都不喜欢自己,别人怎么去喜欢你?人活着是为了自己,你或许会在乎别人对你的看法,但是每个人的眼光不同,看法也就不同,只要自己喜欢,何必在乎那么多。任何事物的发展都有一个循环,今天不美不流行的东西,可能明天就风靡世界。所以做自己最好,你就是你,身体发肤受之父母,接受自己才能有更多的精力去做其他事情。并且我们可以给自己积极的心理暗示,每天告诉自己我是最美丽的,是最棒的,那么你就会越来越漂亮,越来越自信。

心理学家经常也在质疑:美丽有标准吗?要知道,众口难调,你不一定要让每个人都喜欢你,但是一定要接纳真实的自己,不要陷入偏执的寻找中,不要拿别人的美丽与自己比较。

给痛苦找个出口

每个人的一生都要经历一些痛苦，不管你是穷人还是富人，也不管你是领袖或是乞丐。

++

但丁在《神曲·第十三歌》中写道，“哈比鸟以它的树叶为食料，给它痛苦，又给痛苦以一个出口……”受啄是痛苦的，却给了原有的痛苦一个流淌的出口。

生活中也一样，每个人都会经历一些痛苦，每个人都该为这些痛苦找一个出口并把它释放出来。面对那个想要逃避的自己，你要懂得该是时候，选择你不愿选择的了。

在土耳其，萨班哲是一位超级富豪，其庄园和产业几乎覆盖了土耳其的大部分国土，“SA”的符号是他的产业的标志。

然而，谁也没有想到的是，萨班哲却有一个让人大跌眼镜的怪癖：让人给自己画画，而且画得越丑越好。

萨班哲供养着一大群土耳其最好的漫画家。在自己别墅豪华的大厅里，萨班哲让这群漫画家随心所欲地画自己的漫画，而且规定：如果谁能画出最丑的萨班哲，那么就可以得到大大的一笔奖金。

可以想象得到的是，这群漫画家整天都在挖空心思地琢磨、挖掘着萨班哲身上的“闪光点”：每一个丑陋之处，都被这些漫画家无一例外地放大和夸张了，即使是一颗毫不起眼的小痣，也会被演绎成一只黑鸦的脑袋。更有甚者，有时候在描绘萨班哲丑态的时候，就连漫画家自己都被惹得捧腹大笑抑或是大眼瞪小眼了呢。

而萨班哲呢，常常在工作之余徜徉在大厅中，一幅挨一幅地仔细欣赏着自己的靓照。

于是，有人说可能萨班哲很另类，有人说可能萨班哲很风趣，有人说可能萨班哲很有幽默感，有人说可能萨班哲喜欢真实，有人说萨班哲是在惩罚自己……

终于，有人找到了萨班哲，问他：如果你想了解真实的自己，完全可以拿镜子照着看嘛，何必非要拿自己的相貌开涮呢？萨班哲这样回答道：这样做，我很快乐，看到了在美酒、鲜花、掌声和赞誉之前那个不一样的自己。但世人还是不解。后来，就有一位心理学家出来解释说：萨班哲是在做一种心理体操。

是的，因为萨班哲幸运亦不幸。这位超级富豪生有一儿一女，不幸的是，一儿一女，均有弱智的残障。现实的真实总是残酷得让人寒彻肺腑。作为一个父亲，谁也无法接受。生活的磨难，意味着让你选择——那些你不想做出的选择。

心理学启示

每个人的一生都要经历一些痛苦，不管你是穷人还是富人，也不管你是领袖或是乞丐。每一次痛苦袭来的时候，我们都会感到天不再蓝，树不再绿，美丽的世界一下子变成了无边无际的黑暗世界。但是痛苦不能自己消失，只有适当地把心里的痛苦释放出来，人才能继续健康地活下去。

萨班哲在心理体操里，成功地完成了一套高难度的动作，他掠过了生命里所有的鲜花和掌声，带着最真实的自己宣泄着生命中的压抑，经受令人饱经磨难的现实。其实每个人或多或少的都有些难以释怀的问题，此时不应该把它锁在心中，而是应该寻找一种适合自己的释放方式。

不要为了别人而生活

不要在意别人的眼光，不要因为我们有缺点就感到自卑，不要因为我们不完美就隐藏真实的自己。让自己的心裸露在阳光下，用自己最真实的面貌去生活。

++

玛约·宾奇在《没有人注意我》中写道：

我比拿破仑高一英尺，我的体重是名模特儿特威格的两倍。我唯一一次去美容院的时候，美容师说我的脸对她来说是一个难题。然而我并不因那种以貌取人的社会陋习而烦忧不已，我依然十分快乐、自信、坦然。

我在一家日报社工作，于是有机会去许多以前不可能去的地方。今年我去阿斯科特跑马场报道那儿观众的情况的时候，我在那儿遇到了一件事，它使我认识到那种试图去顺应世俗，去表现得比别人优越的行为是多么愚蠢。有一个矮小而肥胖的女人，穿戴得整整齐齐；高高的帽子，佩着粉红色的蝴蝶结的晚礼服，白色的长筒手套，手里还拿着一根尖头手杖。由于她是一个大胖子，当她坐在手杖上时，手杖尖戳进了地里。手杖戳得太深，一下子拔不出来。她使劲地拔呀拔，眼里含着恼怒的泪水。她最后终于拔了出来，但她却握着手杖跌倒在地上。

我看着她离去。她这一天就算毁了，她在大庭广众之下丢了丑。她没有给任何人留下印象，然而在她自己充满悲哀的泪眼里，她是一个失败者。

我记得非常清楚，我也经历过这种情况。那时候我还没有真正认识到：没有人真正注意你的所作所为。许多年来，我都试图使自己和别人一样，总是担心人们心里会把我想成什么样的人。现在我知道他们根本就没有想过我。

我还记得我第一次跳舞时的悲伤心情。舞会对一个女孩子来说总是意味着一个美妙而光彩夺目的场合,起码那些不值一读的杂志里是这么说的。那时假钻石耳环非常时髦,当时我为准备那个盛大的舞会练跳舞的时候总是戴着它,以致我疼痛难忍而不得不在耳朵上贴了膏药。也许是由于这膏药,舞会上没有人和我跳舞,然而不管是什么原因,我在那里坐了整整4小时43分钟。当我回到家里,我告诉父母亲我玩得非常痛快,跳舞跳得脚都疼了。他们听到我舞会上的成功都很高兴,欢欢喜喜地去睡觉了。我走进自己的卧室,撕下了贴在耳朵上的膏药,伤心地哭了一整夜。夜里我总是想象着,在一百个家庭里,孩子们正在告诉他们的家长:没有一个人和我跳舞。

有一天,我独自坐在公园里,心里担忧如果我的朋友从这儿走过,在他们眼里我一个人坐在这儿是不是有些愚蠢。当我开始读一段法国散文时,我读到有一行写到了一个总是忘了现在而幻想未来的女人,我不也像她一样吗?显然,这个女人把她绝大部分时间花在试图给人留下印象上了,而很少时候她是在过自己的生活。在这一瞬间,我意识到我整整二十年光阴就像是花在一个无意义的赛跑上了。我所做的一点都没有起作用,因为没有人在注意我。

现在我知道下一回当我走进一家商店,一位营业员翘起她的嘴说,"你的号码,夫人?我想我们这儿绝没有你要的号码。"这仅仅是说店里的存货不充足。这样无形中我心里好像去掉了一个重负,我觉得自己比以往任何时候都轻松,更自由。

心理学启示

有些人有时真的很可笑,在他们的心里,总是想把最完美的自己展现给别人,永远要跟着别人的想法亦步亦趋,但自己的心灵呢?追求完美是我们

的目标，但是任何时候我们都找不到完美。每个人都是如此，你羡慕的那个人，你也有他不具备的东西。

心理学家马斯洛在《刺激与性格》一书中说："新近的机能心理学理论出现的一些概念是自然舒放、自我接受、冲动知觉、自满自足。"我们经常会利用各种各样的借口来自满自足，人的一生是应该为自己而活，寻找自我的价值；应该学着喜欢自己，获得自我的价值；应该不要太在意别人怎么看我，或者别人怎么想我，获得自己清晰的定位。其实，别人如何衡量你也全在于你自己如何衡量你自己！

不要让自己盲目忙碌

忙碌不能成为我们停止思考的借口，我们工作是为了更好地生活，如果繁忙的工作使得我们的生活不再从容，甚至连与朋友打个招呼的时间都没有，那便是本末倒置了。

++

一位心理学家在一堂培训课上讲过这样一个寓言：

蜜蜂的蜂蜜吧终于开张了，生意特别红火。顾客来自各个领域，山上跑的，天上飞的，水里游的。蜜蜂高兴地招呼他们，忙得不亦乐乎。不久，他绞尽脑汁地想出了在山坡、水边和森林里开几家分店，把生意做大的好主意。

一天，游乐场的场主蝴蝶从从容容地前来拜访蜜蜂。

"蜜蜂，我工作累了，出来和你聊聊，你有没有时间啊？"蝴蝶轻松愉快地问。

蜜蜂又好气又好笑，边忙碌着，边回答说："我现在忙得连思考'有没有时间'这个问题的时间都没有了。你没有看到我正忙着开几家蜂蜜吧吗？"

"你这不是有时间开几家分店吗？我看你不仅有时间，而且时间多的是，只是没有想问题的时间罢了。"

蜜蜂听后看看自己，觉得自己就像一只无头苍蝇在不停地旋转，而蝴蝶在说笑的功夫就想出了在自己的蜂蜜吧旁开一家游乐分场的好主意。

看看马不停蹄的蜜蜂，再对比一下从容的蝴蝶，同样是忙碌，却有着不同的效果。

心理学启示

心理学家告诫职场人士，太忙了就停下来歇一歇吧，身体需要休息，心灵同样需要呼吸。人对待生活应该有一种享受的心理，享受家庭温暖，享受友情的欢乐，暂时的休整是为了继续更长久的征程。

曾经有人说过"时间就是金钱"，但是不要以为废寝忘食分秒必争地努力就预示着你将走向成功。最善于经营生意的犹太商人有句俗语："该忙的时候就忙。"这说明工作时间与效率不成正比。特别对于一个在商业中摸爬滚打的人来说，创意、投资、管理等所有的环节都不能离开思考。面对工作和生活，你首先要有一个良好的心态。

赶走你的坏情绪

心理学家研究表明，情绪对人的能量消耗特别大，很多癌症患者就是因为长期积累的怨恨、压抑情绪得不到发泄，才身患绝症。

积极的人这样看待各种各样的情绪体验：有了喜怒哀乐愁，生活才有滋有味。但是心理学家这样告诫人们，要知道"喜伤心、怒伤肝、思伤脾、忧伤肺、恐伤肾"，就是说，五情中的任何一情过度都伤身体。因此要保持身体健康就一定要保持心态平和，万事到头一场空，没有必要太计较得失。

人一生中难免会遇到不顺心的事，如不能宽容待之，一时情绪激动，甚至暴跳如雷，大发脾气，会严重危害自身健康。

最近美国一些心理学家做了一项实验，他们把生气人的血液中含的物质注射在小老鼠身上，以观察其反应。初期这些小鼠表现呆滞，胃口尽失，整天不思饮食。数天后，小老鼠就默默地死去了。美国生理学家爱尔马不久前也做过实验，他收集了人们在不同情况下的"汽水"，即把有悲痛、悔恨、生气和心平气和时呼出的"汽水"做对比实验。结果又一次证实，生气对人体危害极大。他把心平气和时呼出的"汽水"放入有关化验水中沉淀后，清澈透明，悲痛时呼出的"汽水"沉淀后呈白色，悔恨时呼出的"汽水"沉淀后则为蛋白色，而生气时呼出的"生气水"沉淀后为紫色。把"生气水"注射在大白鼠身上，几分钟后，大白鼠死了。由此，爱尔马分析：人生气（10 分钟）会耗费大量人体精力，其程度不亚于参加一次 3000 米赛跑；生气时的生理反应十分剧烈，分泌物比任何情绪的都复杂，都更具毒性。

因此，动辄生气的人很难健康、长寿，很多人其实是"气死的"。由此可知，一个人大发脾气或生闷气时会对人体生理上产生一系列变化和反应，致使人体各部分损伤，甚至危及生命。

心理学家研究表明，情绪对人的能量消耗特别大，很多癌症患者就是因为长期积累的怨恨、压抑情绪得不到发泄，才身患绝症。由此可见，释放你的坏情绪是多么的重要。

据媒体报道，英国超市有一种"情绪食品"。据说它们有利于改善人们的情绪。虽然我们周围的超市中很少看到这种食品，但我们也可以从中获得一些启示：既然食品能影响我们的情绪，我们便可以通过改变饮食的方式来控制我们的坏脾气。对于有些人来说，生活中的类似控制情绪的方法举不胜举,只要你留心观察,细心尝试,你一定能做自己的情绪调节师。

心理学启示

“别人生气我不气,气出病来无人替。我若气死谁如意,况且伤神又费力。”相信这首《莫生气》大家都听过,既然生气会给我们带来这么多的危害,那么为了自身的健康,我们要学会克制、幽默、宽容等消气艺术是很有必要的。

当人不顺心时,坏情绪更易出现。在逆境中,要牢记就算是生气也无济于事,不如在动摇中培育信心,把握好航向。就像有人曾经说过的一句话:“心理的健康就像一道菜,酸、甜、苦、辣、咸,全由自己来调适。”

用真心才能换真心

欲做事先做人,品行好的人,人愿与之交往。有了良好的品格,就会有很多真心的朋友,朋友多了路好走,在大家的认可和帮助下,你离成功就更近了。

每个人的心里都有一个天平,即自己怎样不吃亏。由于它的存在,所以人们在多数情况下都不愿意主动去付出,这种心理制约人际交往。

也许这样一个故事能给你一定的启发:

当年,还只是一名矿泉水推销员的戴刚,为了推销罐装矿泉水,每天骑着自行车奔波在城市的大街小巷、公司厂矿。因为当时罐装矿泉水刚刚推出,人们还都不是很认可,他的收获不是很大,最初的一个月,他只推销出去

了16罐。他的月薪很低，只有象征性的300元，主要是赚取效益工资，每推销出一罐矿泉水提成5角钱。

第二个月，他新联络到32个用水客户。

第三个月，他依然满怀信心地奔波着。

这天，他骑着自行车驮着一罐矿泉水去给5公里外的一家居民送货。用水居民家只有一位坐在轮椅上的老妇人，在他帮助老妇人将水罐装到饮水机上的时候，老妇人家的电话响了。装好水罐，等待老妇人签收的时候，他通过老妇人的交谈了解到，似乎是老妇人家来了外地客人，客人因为不知道老妇人家的具体位置，让老妇人去车站接，而老妇人的儿子却出差在外地，保姆又刚刚出去买菜去了，老妇人很是为难。他试探着询问老妇人，在得到确认后，自告奋勇地表示他可以去车站帮助老妇人去接客人。他下了5楼，到汽车站将老妇人的客人接了回来。

一周后，他不断接到老妇人居住的那座楼的住户的订水电话，两周后，老妇人的儿子打来电话，表示他所在公司决定为每间办公室订水。此后，不断有新的订水电话打来，说都是那些订水客户介绍来的。第三个月，他的推销成绩突增到六百多罐。

他想到自己的成功应该感谢老妇人，这天，他又一次来到老妇人家，表示感谢，老妇人却笑着对他说道："你应该感谢的是你自己。因为你帮助了我，我就将你介绍给了我的邻居和我做经理的儿子，建议他们都用你的水，因为像你这样的人，一定拥有许多美德和能力，是一个值得信任的人。我的邻居和儿子又相继将你介绍给了别的人……"

心理学启示

很多刚刚参加工作的年轻人，仗着聪明才智，总觉得"实力决定一切"，怎样对人不重要，也随之产生了骄傲、轻浮的心理。对于不如自己的人，不是当面嗤之以鼻,就是在背后抱怨。一般而言,年轻人容易陷入“做事”比“做人”重要的思考,因为做事的目标明确,短期即可见真章,投入与回馈十分直接。然而,做人得面对“一样米养百样人”,不同角色的适应与考验。

但是心理学家通过大量实例证实:“一个人要想成功,不仅仅是外因的问题,更取决于你的内因,而懂得如何做人则是取得成功的关键。”所以修炼内功,提高自己的品质修养格外重要。

跨越心中虚设的障碍

很多人对于曾经失去的或者受过伤的经历都存有恐惧心理,其中一些原因是他们不切实际或者对未得到的存在幻想。

++

很多人心中都有一块无形的“玻璃”,他们不敢大胆地表达自己的观点,或者在挫折面前采取“一朝被蛇咬,十年怕井绳”的态度。一个人要走向成熟,就要不断地打碎心中的这块“玻璃”,超越无形的障碍!

曾有人做过实验,将一只最凶猛的鲨鱼和一群热带鱼放在同一个池子,然后用强化玻璃隔开。最初,鲨鱼每天不断冲撞那块看不到的玻璃,奈何这只是徒劳,它始终不能过到对面去。实验人员每天都放一些鲫鱼在池子里,所以鲨鱼也不缺少猎物,只是它仍想到对面去,想品尝那美味。它每天仍是不断冲撞那块玻璃,它试了每个角落,每次都是用尽全力,但每次也总是弄得伤痕累累,有好几次都浑身破裂出血。鲨鱼的这一举动持续了一些日子,每当玻璃刚出现裂痕,实验人员马上加上一块更厚的玻璃。

后来,鲨鱼不再冲撞那块玻璃了,对那些斑斓的热带鱼也不再在意,好像它们只是墙上会动的壁画。它开始等着每天固定会出现的鲫鱼,然后用

他敏捷的本能进行狩猎，又显现在海中不可一世的凶狠霸气。但这一切只不过是假象罢了，实验到了最后的阶段，实验人员将玻璃取走，但鲨鱼却没有反应，每天仍是在固定的区域游着。它不但对那些热带鱼视若无睹，甚至于当那些鲫鱼逃到那边去，他就立刻放弃追逐，说什么也不愿再过去。

心理学家分析说，人与动物同理，在经受挫折和打击时，心里就会产生一种连带的反应，如果你能够在勇敢尝试中跨过这个障碍，你必然会有一种愉悦的心理体验。如果你在它面前退缩了，甚至倒下来了，它在你的心里的颜色永远是灰暗的。

心理学启示

很多人对于曾经失去的或者有受过伤的经历都存有恐惧心理，其中一些原因是他们不切实际或者对未得到的存在幻想。这些心理感受可以是一个动作，也可以是一个结果，最重要的是一种思考。

我们常在失意时感到苦楚和寂寞，抱怨命运的不公，甚至失去再次与困难作战的勇气。其实这些是我们思维狭隘的表现，你应该勇敢面对，让自己有个恢复的过程，让自己的心情明朗起来。一味回避、躲藏，失意会一辈子躲在你的背后，让你永远无法甩掉它。

你是否有正确的钱心理

澳大利亚心理学家威尔森指出，没有任何证据可以证明金钱能买到幸福，相反，担忧和不快总是占据上风。

+++

现代人的生活压力越来越大,很多人对金钱的向往和追求已经到了几近疯狂的地步。金钱在他们的心里,已经不具有服务的特性,它不是用来服务自己的,赚钱成了他们生存的唯一目的。然而,在心理学家眼里,金钱是一种人格化的东西。心理学家兰恩说:"象征级别、尊卑、声望的金钱和收入是富有和权利的装饰,是生活中最做作的两个因素,其带来的强烈负面情感是对未来、失业、破产、羞辱的恐惧。"

"金钱不是万能的,没有金钱是万万不能的"这句话,大家耳熟能详。金钱真的是万能的吗?这种拜金心理健康吗?

下面的故事能够给你一些启示:

在北京某外国使馆的门前,候着两位等待签证的申请者:一位是做生意赚了很多钱的百万富翁,准备移民到国外去,此前已经被拒绝了好几次;一位是从河北农村赶来的老大娘,打算去国外探望留学的女儿,她第一次来办理签证。

想着以往屡屡被签证官拒绝的事儿,这位百万富翁心里就特别来气:"搞什么嘛,仅仅因为我没有像样的专业或者是特长,就把我给涮了下来,也太说不过去了吧?"他瞥眼瞧见了旁边的农村老大娘,于是就凑过去攀谈了起来:

"你也来办理签证啊,会说外语吗?"

农村老大娘不好意思地摇了摇头。

百万富翁又问:"那你有什么专业或者是特长吗?"

农村老大娘还是不好意思地摇了摇头,然后说:"我呀,活了这么一辈子就知道种地和照看孩子。"

听了这些,百万富翁有些同情地对农村老大娘说:"唉,那可完了,你申请签证肯定会被涮下来的。"

"你说的当真?"农村老大娘显然有些着急了,"我只有一手绝活儿,也就是剪纸,不知道能不能算是专业特长?"

"哦,你说你只会剪纸啊?"

“当然，剪纸我可是一流的，老家方圆几十里的人都知道，什么年轻人结婚贴窗花，小孩子过周岁生日绣兜肚、扎虎头鞋……都来找我给他们剪样纸呢！”

剪纸？剪纸怎么能算专业呢？百万富翁在心里不屑地笑了笑，转过身去不再理会农村老大娘了。

大使馆的签证官终于过来了。轮到农村老大娘的时候，签证官面无表情地问她会什么专长。农村老大娘一边说着：“会，会！”一边从口袋里摸出一张红纸来，对着签证官亮了亮，熟练地折叠了又折叠，然后伸开五指轻轻撕起来。也就是眨眼间的功夫，那张红纸又展开的时候，已是栩栩如生的一张剪纸画了：画上有一朵莲花、几片荷叶，荷叶下面是一尾尾妙趣横生的小鱼儿。

签证官惊奇得目瞪口呆，兴奋地说着地道的中国话：“老大娘，你真是一位了不起的艺术大师啊，了不起，你真的了不起！”边说边为农村老大娘办理了签证。

老人家的举动，就连刚才还对剪纸不屑一顾的百万富翁也看得目瞪口呆：咳，咳，就凭剪纸，就给她办理了签证？慌忙递上自己的一叠申请材料，不想却被推了回来，只听签证官冷冷地说道：“这位先生，如果我没记错的话，这是你第五次来办理移民签证了吧？我早说过了，你没有专业或者是特长，我是不会给你办理的……”

心理学启示

现实社会中，很多人都认为赚钱才是最重要的，有了金钱，就能获得其他的一切东西。他们绞尽脑汁，投机取巧，用尽力气敛财。少数一部分人可能的确成功了，赚到钱了，但他们并没有获得自己想要的一切。心理学家分析说，金钱本身只是一个符号，一种替换物，但制造并使用金钱的人却赋予它以浓厚的感情色彩,有人对它万分敬畏、顶礼膜拜,有人对它疾恶如仇、视如粪土。大量的心理学研究表明,金钱首先引起人们的负性情感,而且消极情绪超过积极情绪。

澳大利亚心理学家威尔森指出,没有任何证据可以证明金钱能买到幸福,相反,担忧和不悦总是占据上风。当一个人走在盲目追求金钱数量的道路上,在拜金心理作用下时,得与失在他们的心中的分量更重,他们对生活本身美好的体验则会越来越少。

摆正自己的位置

每个人都会有属于自己人生的辉煌顶点,但每个人都注定要从这一点降落,心浮力难继,宁静可致远。

++

一位功成名就的心理学家这样劝诫年轻人:一包黑色染料倒进水缸里,水缸里的水立刻变成沉重的黑色;同样的一包染料倒进大海中,海水却依然干净清透。让我们的心变成大海,在面对生活中的成功与失败、赞扬与批评时,都能以平和的心理将其稀释。

沃尔特·达姆罗施是美国著名的指挥家、作曲家,他在二十几岁的时候就当上了一支乐队的指挥了。

年轻人都很容易被暂时的胜利冲昏头脑。自从当上乐队的指挥之后,沃尔特·达姆罗施就开始头脑发热、忘乎所以起来,总是固执地认为自己才华横溢,没人能取代自己指挥的位子。

直到有一天,正要排练的时候,沃尔特·达姆罗施才发现自己的指挥棒竟然忘在了家里。他正准备派人去取,却听旁边的秘书说了一句:“没关系

的，你向乐队的其他人借一根不就行了？”

沃尔特·达姆罗施有些糊涂了，心里暗暗想着：不对呀，整个乐队除了我之外，谁还可能带着指挥棒呢？于是，沃尔特·达姆罗施就问：“伙计们，你们谁能借我一根指挥棒呢？”结果他吃惊地看到，大提琴手、首席小提琴手和钢琴手都从自己的上衣内袋里摸出了随身携带的指挥棒……

沃尔特·达姆罗施一下子清醒过来，意识到自己并不是乐队中必不可少的人物！很多人一直都在暗暗地努力着，时刻准备取代自己。

从此以后，每当沃尔特·达姆罗施想偷懒或者飘飘然的时候，他就会看到三根指挥棒在眼前不停地晃动着。

心理学启示

或许你很聪明，或许你在某方面很有天赋，老天眷顾你，在人生的起跑线就给予你比别人多的东西，你的成功是必然。但如若只依靠自己的天资做事，不进行后天的训练，或是心浮气躁不再努力，那么你的天赋就是你人生最大的绊脚石。保持空杯心态，时时不忘学习，时时严格要求自己，才是成功的根本之道。

每个人都会有属于自己人生的辉煌顶点，但每个人都注定要从这一点降落，心浮力难继，宁静可致远。著名作家李国文说过：“淡，是一种至美的境界。”别太把自己当一回事儿，既是内心祥和、平淡是真、物我两忘的表现，也是一种修养、一种胸怀、更是人生境界的极致。唯有别太把自己当一回事儿，才能笑看云卷云舒，静观花开花落；唯有别太把自己当一回事儿，才能不狂妄，从而成就更大的事业。

卸去欲望的包袱

欲望像海水,喝得越多,越口渴。欲望满足不了是一种痛苦,但是满足后有时候也不见得是一种幸福。

++

哲人说,欲望就像是一个无底洞,没有尽头。欲望会让人贪求更多,甚至铤而走险,以致失去生命。一个人如果能够控制自己的欲望,也就能把握好自己的人生。

一位心理学家曾讲过这样一个故事:

某雪山探险队要公开选聘一批探险队员,消息刚刚传出,许多人蜂拥而至,争先恐后地表示希望自己能被选拔到探险队中去。

在对应聘者进行了一次极为严格的体能测试之后,队长留下了比较优秀的20名候选人,并对他们说:"接下来,我要做一个心理测试。顺便告诉大家,只有心理测试也合格的人,才可能成为我们雪山探险队的一员,还请大家慎重对待。"

探险队长把20名候选人分别关进了20个房间内,说:"先放松休息一下,10分钟之后我来对你进行心理测试。"

10分钟眨眼就过去了。探险队长走进了第一个房间里,问道:"小伙子,假若再有10米之遥你就要登上珠穆朗玛峰的峰顶了,但非常遗憾的是,有一个队员就在你前方1米左右的地方,这意味着他将是第一个登上峰顶的人,而你只能是第二个,请问这时候你会怎么办?"

这个小伙子听了,立刻回答道:"我会毫不犹豫地超过他!"

探险队长听了,耸了耸肩膀,说了一句:"小伙子,非常抱歉,你不适合做

雪山探险队员。”小伙子不解地问他：“为什么？”探险队长没有回答，转身走出门去。

……

如此这般。队长走了19个房间，问了同样的一个问题，但19个年轻人差不多都是这样回答他。最后，队长又把这个问题摆在了第20号候选人面前，只听这个年轻人郑重地回答道：“这也没什么，就让他做第一名吧，我情愿做第二名。”

探险队长笑了笑，紧紧盯着他：“能否告诉我，为什么？”

这个年轻人坦然地说：“很简单，我只是一个雪山探险者，无论是做第一名还是做第二名都无关紧要的，只要我的双脚能踩在雪山的峰顶就够了。”

“祝贺你！”队长听到他的回答，两眼顿时亮了起来，“你肯定能从雪山顶峰成功地返回！”

在送别其他候选人离去的时候，队长给他们说了这样一番话：“白雪皑皑的雪山不是平淡的闹市，而是零下几十度的地方，不但喘一口气都特别艰难，而且你的脚下随时都是可以置人死地的自然陷阱。如果在这个时候你的心里还存有独占鳌头的欲望，为了超越你前边的人而奋不顾身地往前冲，那么十有八九不会踩着前边人的脚窝走，结果不是因为空气稀薄而顿时窒息，就是一脚踩空而从又冷又滑的冰川上栽下去……”

最后，队长悲伤地说道：“有许多雪山探险队员，就是因为这一点点的欲望而永久地留在雪山上了。所以说，心怀欲望的人是永远不能到达峰顶的，只有那些内心豁达、坦荡的人，才能最终踏上雪山的顶峰。”

心理学启示

没有攀比的欲望，没有急切求胜的心理，才能在危险境地保全自己的生命。面对生活，荣誉只是些虚设的头衔，实实在在地走好人生的每一步，才会走得精彩,走得长久。

一位心理学家说:欲望像海水,喝得越多,越口渴。欲望满足不了是一种痛苦,但是满足后也不见得是一种幸福,我们知道欲望,其实就是你灵魂中的痒。痛,可以忍住,而痒却是越挠越想挠的。你在满足欲望的时候要付出的代价很多时候是不可估量的,这样一路到达人生的终点,心中只有疲惫。因此,心理学家告诫年轻人:你应该卸去欲望那沉重的包袱,脚步轻盈地走向未来。

清除自卑,发现自己的价值

自卑是一种消极的自我评价或自我意识,自卑感是个体对自己能力和品质评价偏低的一种消极情感。

++

人与人天生就存有差距,在后天不同的生存环境下,差距会更加复杂化。也许你的容貌不如别人俊俏,也许你的学识不如他人广博,也许你的生活不比他人富足,但如果你要因为这些就感到自卑,甚至妄自菲薄的话,那你的生活定会失去原本的色彩和很多已经存在于身边的快乐。

心理学家说,自卑,并不是指客观上看来自己不如别人,而是人主观上认为自己不如别人,认为自己不够好,自己不值得别人对自己好,自己一文不值。观察你周围的人,是不是有人经常叹息自己不够好,别人都比自己好;上课的时候,不敢举手发表自己的意见,因为害怕自己的回答不够好;很多事情想做,但是又害怕去做,因为害怕自己做不好;一件衣服,穿在别人身上很好看,但是穿在自己身上即使很合身,也不如别人穿着好看;做任何事情都会小心翼翼的,因为害怕别人说自己不够好。这都是自卑心理的表现。

自卑是人自尊、自爱、自励、自信、自强的对立面，它严重影响一个人的健康发展。万事万物都有瑕疵存在，由于自己在某方面存在缺陷就妄自菲薄，你只会在自卑的泥淖里越陷越深。

有一个男孩，他觉得自己天性有些胆小，甚至有些自卑，这一点严重影响了他的生活。父母为此也很苦恼，于是决定带他去看心理医生。医生耐心地听完介绍，握住他的手，非常肯定地说："你只不过非常谨慎罢了，这显然是个优点嘛，怎么能叫弱点呢？谨慎的人总是很可靠，总是很少出乱子。"

少年有些疑惑："那么，勇敢反倒成为弱点了？"

医生摇摇头："不，谨慎是一种优点，勇敢是另一种优点。只是人们通常更重视勇敢这种优点罢了，就好像白银与黄金相比，人们更注重黄金一样。"

医生问："你讨厌酒鬼吗？"

少年说："当然。"

医生问："那你讨厌李白吗？"

少年说："怎么会呢？"

医生问："难道李白不是酒鬼吗？"

少年纠正医生的话："不对，李白不是酒鬼，而是爱喝酒的诗人，他能斗酒诗百篇呢。"

医生笑道："对，我赞同你的观点，弱点在不同的人身上，会呈现不同的色彩：有的喝酒的人，仅仅是个酒鬼；而李白则是喝酒人中的诗仙。"

医生又说："天底下没有绝对的弱点。所谓的弱点，在一定条件下也可能成为优点。如果你是位战士，胆小显然是弱点；如果你是司机，胆小就可以说是优点。"

其实每个人在不同的时期，都会产生不同程度的自卑心理。任何人都无法做到没有一丝缺陷，关键是看你怎样看待。

有一个农夫整天埋怨自己的命运不好，一辈子都是农夫，被别人看不起，他感觉自己的地位很卑微。

有一天，他弓着腰在院子里清除青草，因为天气很热，所以他脸上不停地冒汗,汗珠一滴一滴地流了下来。

"可恶的青草,假如没有这些青草,我的院子一定很漂亮,为什么要有这些讨厌的青草,来破坏我的院子呢?"农夫这样嘀咕着。

有一棵刚被拔起的小草,正躺在院子里,它回答农夫说:

"你说我们可恶,也许你从来就没有想到过,我们也是很有用的。现在,请你听我说一句吧,我们把根伸进土中,等于是在耕耘泥土,当你把我们拔掉时,泥土就已经是耕过的了。"

"下雨时,我们防止泥土被雨水冲掉;在干涸的时候,我们能阻止强风刮起沙土;我们是替你守卫院子的卫兵,如果没有我们,你根本就不可能享受赏花的乐趣,因为雨水会冲走泥土,狂风会刮走种花的泥土……你在看到花儿盛开之时,能不能记起我们青草的好处呢?"

一棵小草并没有因为自己的渺小而自卑,农夫对小草不禁肃然起敬。

很多时候,你怎样看待自己,决定了别人怎样对待你。如果你是一棵自卑的小草,那么你在别人心底就已变得非常渺小;如果你肯定自己存在的重要价值,告诉自己我很重要,你在别人的眼里也会变得高大。

心理学启示

心理学家说,产生自卑的原因有很多,有的人喜欢用过高的标准审视自己,结果使自己永远处于达不到要求的失败地位,导致自卑感的产生;有的人很在意别人对自己的评价和看法,对于别人的贬低往往产生自卑心理;有的人错误地把别人对自己的夸奖当做讥讽,他们感受到的信息就带有自我否定的倾向性,他们会越发感到卑微、低下;有的人对于家庭或自己的经济收入以及地位感到不满,对于物质生活和精神生活的攀比也会产生自卑的心理;有的人由于身体的缺陷不能像正常人那样生活也会产生自卑的心理等。

斯宾诺莎曾说，最大的骄傲与最大的自卑都表示心灵的最软弱无力。自卑是一种可怕的消极情绪，它使人遇事总是认为“我不行”、“这事我干不了”、“这项工作超过了我的能力范围”，大部分的人没有试一试就给自己判了死刑。心理学家告诫人们，其实，任何人都无须自卑，每个人都有自己的特点，重要的是你要多看自己的长处。

你有依赖心理吗

滴自己的汗水，吃自己的饭，自己的事情自己干，靠人靠天靠祖宗，不算真好汉！

++

人都有依赖心理，有些人依赖心理很强，而有些人依赖心理较弱。依赖和人的惰性是共存的，试想一下，如果有人能够帮你把事情干好，安排好，不必自己费力，长此以往，你不会对其产生依赖吗？心理学家分析说，依赖心理是一种消极的心理状态，影响一个人独立人格的完善，制约人的自主性和创造力。

很久以前，有一对年迈的夫妻晚年得子，全家人都非常欣喜。他们把儿子视为珍宝，什么事都不让他做，使得孩子对父母产生了极为强烈的依赖心理，只要父母不在旁边，即使是再简单的事情，他也不能完成。儿子长大以后，生活仍旧不能自理。

这一天，夫妇要出远门，担心儿子饿死，便想了一个办法：临行前烙了一张中间带眼儿的大饼，套在儿子的脖子上，告诉他想吃的时候就咬一口。可是，儿子只知道吃颈前面的饼，由于父母不在，前面的半个饼吃完之后，不知道把后面的饼转过来吃。等他们出门回来时，大饼只吃了不到一半，而儿子竟活活饿死了。

当然,这只是一个极端的例子,生活中这样的现象极为少见,但具有依赖心理的人,却为数不少。马斯洛认为,一个完全健康的人的特征之一就是:具有充分的自主性和独立性。但有的人遇事首先想到别人,求助别人,人云亦云,亦步亦趋,不敢相信自己,不能自己决断。

有些人因为自己身上有某种缺陷,以为自己缺乏劳动能力,就对社会或是旁人产生了依赖心理。殊不知不是你的缺陷误了你,而是你的依赖心理毁了你。

一位心理学家给他的学生讲过这样一个故事:

一个只有一个胳膊的乞丐来到一家门口,向女主人乞讨。空空的袖子晃荡着,让人看了很难受。可是女主人却指着门前一堆砖对乞丐说:“你帮我把这堆砖搬到屋后去吧。”

乞丐生气地说:“我只有一只手,你还忍心叫我搬砖,不愿意给就不给,何必刁难我?”

女主人没有生气,俯身搬起砖来,她故意只用一只手搬,搬了一趟才说:“你看,一只手也能干活。我能干,你为什么不能干呢?因为有一个胳膊,就依赖乞讨为生吗?”

乞丐愣住了,用异样的目光看着女主人,终于俯下身子,用唯一的一只手搬起砖来,一次只能搬两块。他整整搬了两个小时才把砖搬完。

女主人递给乞丐20元钱,乞丐伸手接过钱,很感激地说:“谢谢你。”

女主人说:“你不用谢我,这是你凭力气挣的工钱。”

几年后,一个西装革履、气度不凡的大老板来到女主人的家,他很有气派,但遗憾的是少了一个胳膊。原来,他就是当年的那个乞丐。

他已是一家公司的董事长,特意来感谢女主人,他说:“当初我只是依赖乞讨为生,是您给了我自力更生的启示,我才有了今天。”

不要因为自己某方面存有缺陷就心甘情愿地依靠别人,长此以往,你就会失去生存的能力,只能像一个寄生虫一样看别人的脸色生活。

心理学家说，依赖性强的人是一个可怜而孤独的人。他们四处碰壁，不被信任，不受欢迎，是依赖所导致的必然结果。依赖性强的人就好比是依靠拐杖走路的不健康的人。其实，克服依赖的弱点，并不是一件非常难的事情，因为自己并没有比别人少一条腿，别人能够做成的事，你也一定能够做成。

依赖心理影响一个人独立人格的完善，制约人的自主性和创造力。因此，心理学家提出了消除依赖心理的有效方法：首先要克服依赖习惯。当依赖成为一种习惯时，它对人心理的影响就会达到根深蒂固的地步。你应该分析一下自己的行为中哪些应当依靠他人，哪些应由自己决定和把握，从而自觉减少习惯性依赖心理，增强自己作出正确主张的能力。其次是增强自信心。有依赖心理的人往往缺乏自信，自我意识低下。第三是要树立奋发自强的精神。常言说，温室中长不出参天大树。当今社会是开放竞争的社会，每个人都要在激烈的竞争中求生存、谋发展。因此，要及时调整自己的心态，适应时代变革，拥有健全的人格和良好的社会适应能力。要自觉地在艰苦环境中磨练自己，在激烈竞争中摔打自己，勇敢地面对困难和挫折。第四要培养独立的人格。德国诗人歌德曾说过，“谁若不能主宰自己，谁就永远是一个奴隶。”独立自主的人格是克服依赖心理的重要保证。很难设想，一个缺乏独立行为能力的人，把自己的命运寄托在他人身上，时时事事靠别人指点才能过日子的人，会有什么大的作为。

心理学启示

在心理学上，依赖心理常表现出以下主要特征：

1. 如果没有他人大量的建议和保证，对日常事情不能作出决策，总是希望别人为自己作大多数的重要决定。

2. 由于害怕被别人遗弃，明知他人错了，也随声附和。

3. 独立行动能力很差，很难单独进行自己的计划或做自己的事。

4. 为讨好他人过度容忍,甚至放弃原则和自尊做自己不想做的事。

5. 害怕孤独,独处时有不安和无助感。

6. 当亲密的关系与自己中止时感到无所适从,难以接受分离。

我国著名教育家陶行知在《自立歌》中这样写道:滴自己的汗,吃自己的饭,自己的事情自己干,靠人靠天靠祖宗,不算真好汉!其一语道破了依赖别人是不可取的行为。刘少奇同志曾经鼓励自己十多岁的小女儿平平独自一个人去外地找妈妈,目的就是想锻炼一下女儿的胆量,让她坚强地走自己的道路。当时,刘少奇同志特地找来秘书,对他说:"我写了一封信叫平平送去,你们不要给她买车票,不要送她上车,更不要用小车送她;也不要通知光美同志或县委人员去车站接她,让她自己买票,自己上车。"由此可以看出,培养独立自主的能力是克服依赖心理的重要环节。

战胜畏惧,做生活的强者

对困难做出的反应,不是逃避或绕开它们,而是面对它们,同它们打交道,以一种进取和明智的方式同它们斗争。

++

在人的内心深处,都存有畏惧心理。有些人清楚地知道自己畏惧什么,而有些人则刻意回避这个问题。心理学家说,畏惧是一种非常消极的情感方式。畏惧有时成为一种焦虑,就是害怕更坏的事情发生。然而,事实证明人们恐怕发生的事情多半不会发生,倒是焦虑本身成为对自己意志的一种摧毁性的力量。

一位心理学家在课堂上讲过这样一个故事:

琼斯是明星报的年轻记者,他对于自己的工作表现很不满意,总认为自

己的能力平平，畏惧接受看似有一定难度的工作任务，因此他的工作业绩总是平平。

有一天，报社新闻采访部的上司交给琼斯一个任务：“你去采访一下大法官布兰代斯吧！”

琼斯大吃了一惊，说道：“要我去采访大法官布兰代斯？人家根本就不认识我，又怎么肯单独接见我呢？”

“你不去试试又怎么知道人家不肯接见你？”新闻采访部的上司显然有些生气了，“年轻人，你必须学着独立行动才行，否则永远也成长不起来的！”

说完，新闻采访部的上司就拿起电话拨了一串子数字：“喂，请问是大法官布兰代斯秘书处吗？我是明星报的新闻记者琼斯，我想去采访大法官先生，不知道是否可以安排接见一下？”

只听电话那一端愉快地答应了：“好的，那就安排在今天下午吧……”

放下电话，新闻采访部的上司拍着琼斯的肩膀说：“我已经给你预约好了，是下午一点十五分，你记得按时过去！”

接下来的新闻采访，琼斯进行得非常顺利，而且稿子也写得特别好。

后来，琼斯不止一次地对人说道：“也就是从那个时候开始，我学会了单刀直入的做法，虽然做来不太容易，但却十分有用。因为，只要有一次克服心中畏惧的体验，那么下一次也就容易得多了。”

战胜恐惧，也许那只是一小步，但是那一步你迈出去了，对你的人生发展就有很大的意义。对自己来说，这是一种突破，战胜了自己内心的怯懦。

琼斯只是现实生活中的一个个例，在工作中，为什么信任自己的能力如此困难呢？心理学家分析说，那是被自己的畏惧给出卖了。畏惧心理通常会夸大所谓的不足，让人觉得，要取得成功就必须具备某些原本不具备的素质。因为有这样的心理，很多人就会对学历、外表、工作经验产生某种依赖。既然执意追求总归会失败，那还不如就按他人的期望生活，滞留在无法发挥自身能力的职位上，挣那份还算不菲的薪水。

更糟糕的是，如果你屈服于畏惧的压力，它反而会对你产生更大的影响,由此产生的结果往往是你避之不及的。例如,你害怕被人拒绝,就会摆出屈尊俯就的姿态,而这恰恰是为人所厌恶的;在你害怕失败的时候,你会因为丧失自信而表现得更加差劲。

一个人如果发现自己有软弱的缺点,就应当努力学会变得坚强起来。只要心理变得强大,懦弱就不会再是你的印记。

从前,一个8岁的小女孩去学刺绣,每当她走到老师家门口时,便会有一只凶猛的雄鹅朝她扑来,好几次还啄了她。女孩吓得号啕大哭,产生了强烈的畏惧心理,再也不肯去学刺绣了。女孩的父亲找了根长长的棍子交给他5岁的儿子,对他说:"希望你的胆子比姐姐大。"并告诉他如果雄鹅来了,畏惧是没有用的,你尽管大胆地向它走去,然后用棍子狠狠打它,它就会跑掉。小男孩跟着姐姐来到老师家,刚推开院门,那只凶猛的雄鹅便高高地伸着颈项,发出可怕的叫声向他们冲过来。小男孩也想跟着姐姐跑,但他想起了父亲的话,于是闭上眼,颤抖地伸出手中的棍子在周围一通乱打,雄鹅终于害怕起来,大叫着回到一群鹅中间去了。这个小男孩后来成为德国著名的电器发明家,他的名字叫西门子。

他在七十多年后的《西门子自传》中说:因为童年的一点启示,而使我终生受用,不知不觉地给了我无数次的鼓励:遇到危险不要畏惧,要大胆迎上去,加以痛击。

心理学家告诫人们,不要因为畏惧而不敢尝试。你正面面对恐惧,很多恐惧都会被击破。你敢向畏惧走近一步,它就向后退缩两步。人生中有不少潜藏的畏惧,有的是因自己的怯懦而产生,有些是外力在我们成长的过程中所加诸的阴影,如果我们正视它,迎接它,就会发现,它其实并不可怕。

心理学启示

现代心理学家发现,人与动物之间最大的差别在于,人对不存在的东西

会产生恐惧——我们自己也对这种现象感到奇怪，因为我们不知这种恐惧从何而来。生活中许多恐惧都是因为我们对未知的不了解，但是不了解不代表我们就不能够做些什么，为了成功，我们要做各种不同的尝试，为了实现圆满的人生，我们需要做的第一件事情就是去获得控制恐惧的力量。

对困难做出的反应，不是逃避或绕开它们，而是面对它们，同它们打交道，以一种进取和明智的方式同它们斗争。还有就是一定要克服畏惧的心理，面对问题时只想如何去处理，因为无论任何困难都不可能带给你安慰，那是你生活的绊脚石，但是如果你选择去战胜的话，你便是生活的强者，太阳下的英雄。

人人都有嫉妒心理

嫉妒的人总是拿别人的优点来折磨自己，嫉妒和自私犹如孪生兄弟。

心理学家曾说，人人都有嫉妒心理，只是不同的人，这种心理的外在表现的强弱不同罢了。嫉妒也是一种需要，是一种自我提高的动力！从某种意义上讲，嫉妒心越强动力越大！越可能成功！

但在现实生活中，有些人不肯承认自己有嫉妒心理，总觉得自己是在单纯地羡慕别人，为他人取得的成绩和拥有的美好的东西而心里痒痒，自己也强烈地希望拥有同样的东西。心理学家分析说，羡慕是对幸福概念的一种认知，对他人幸福的一种祝福。这也就是羡慕与嫉妒的区别所在。当你看到别人很甜蜜、幸福的时候，如果你在心里能够真诚地给予祝福，不存在其他感情上的强烈反应的话，那么你就可以判断自己的这种情感是羡慕而非嫉妒。

羡慕一词本身就给人以温馨、阳光的感觉,而嫉妒则让人觉得阴险、灰暗。嫉妒和羡慕相比,内潜着对他人幸福的破坏倾向,并对自己所谓的不幸深感无奈的一种心态。

人性的诸多弱点中,嫉妒是重要的一点。嫉妒是一种比较复杂的心理,它包括焦虑、恐惧、悲哀、猜疑、羞耻、自咎、消沉、憎恶、敌意、怨恨、报复等不愉快的情绪。别人天生的身材、容貌和逐日显出来的聪明才智,可以成为嫉妒的对象;其他如荣誉、地位、成就、财产、威望等有关社会评价的各种因素,也都容易成为他人嫉妒的对象。

嫉妒心理是人际关系的一种社会心理,是人类的一种普遍情绪。嫉妒心看上去似乎是对自尊心的一种满足与安慰,但实际上它满足的只是自己并不正确的欲望。倘若一个人不能从与他人的相互比较中努力进取、合理竞争,仅以嫉妒别人的进步与优势来安慰、满足自己的自尊心,那么,这种不正当的心理防卫就会成为自己前进路上的重大障碍。

曾在一节心理课上听过这样一个故事:

有一个人遇见上帝。上帝说:现在我可以满足你任何一个愿望,但前提就是你的邻居会得到双份的报酬。那个人高兴不已。但他细心一想:如果我得到一份田产,我邻居就会得到两份田产了;如果我要一箱金子,那邻居就会得到两箱金子了;更要命的就是,如果我要一个绝色美女,那么那个看来要打一辈子光棍的家伙就会同时得到两个绝色美女……他想来想去总不知道提出什么要求才好,他实在不甘心让邻居白占便宜。最后,他一咬牙:哎,你挖我一只眼珠吧。

这就是嫉妒心理的危害,如果你让他潜藏在你的心里,你就无法正确地对待生活。莎士比亚说:"您要留心嫉妒啊,那是一个绿眼的妖魔!"这个妖魔具有无穷的法力,而施法者就是自己的心。嫉妒是一种叫人痛苦的感情,但很多人却不自觉的仍然乐此不疲。

嫉妒心理的产生以别人拥有我们所没有的某样东西为基础,而且这种没有的东西,往往是美好的、令你倾心的。它让我们把注意力都集中在这些

东西上，越盯着，越得不到，嫉妒心理也就会膨胀得更厉害。

从前，有一只蜗牛对一只青蛙颇有成见，每次见面时，它们总是谁也不理谁，这让青蛙觉得很难受。

有一天，忍耐许久的青蛙决定问个究竟："蜗牛先生，我是不是有什么地方得罪了你，你才这么讨厌我。"

看到青蛙态度如此坦诚，蜗牛感叹地说："你们有四条腿可以跳来跳去，我却只能背着沉重的壳，贴在地上爬行，心里不是滋味啊！"

青蛙说："家家有本难念的经。你只是看见了我们的快乐，却没有看见我们痛苦的样子。"

"你们也有痛苦？"蜗牛对青蛙的话表示怀疑。就在这时，一只老鹰突然袭来，蜗牛迅速地躲进壳里，青蛙却被一口吃掉了。

有时候，你看似别人身上好的东西，往往也具有坏的一面。每个人的存在都有自己的价值，也都有自己的闪光点。嫉妒别人常带给我们更多的痛苦，但若去想想自己所拥有的，将会带给我们更多的感恩及幸福。而且很多时候，因为嫉妒而做出的种种举动，都不具有任何意义和效果。

迈克是一个嫉妒心非常强的人，他经常因为别人比自己强，过得比自己好而心里别扭，嫉妒甚至怀恨在心。一次，他搬到了一个小镇，他发现新邻居的生活非常优越，因此非常嫉妒他。他的邻居越是高兴，他越是不高兴；他邻居的生活过得越好，他越是不痛快；每天都盼望他的邻居倒霉，或盼望邻居家着火，或盼望邻居得什么不治之症……然而每当他看到邻居时，邻居总是活得好好的，并且微笑着和他打招呼，这时他的心里就更加不痛快，恨不得给邻居的院里扔包炸药，把邻居炸死，但又怕偿还人命。就这样，他每天折磨自己，身体日渐消瘦，胸中就像堵了一块石头，吃不下也睡不着。

终于有一天，他决定给他的邻居制造点晦气，这天晚上，他在花圈店里买了一个花圈，偷偷地给邻居家送去。当他走到邻居家门口时，听到里面有人在哭，此时邻居正好从屋里走出来，看到他送来一个花圈，忙说："这么快就过来了，谢谢！谢谢！"原来邻居的父亲刚刚去世。这人顿觉无趣，"嗯"了两声,便走了出来。

嫉妒的人是可恨的,他们不能容忍别人的快乐与优秀,会用各种手段去破坏别人的幸福,有的挖空心思采用流言蜚语进行中伤,有的采用卑劣的计策加以陷害,但到头来的结果又是怎么样呢?

有个人饲养着山羊和驴子。主人总是给驴子喂充足的饲料,嫉妒心很重的山羊便对驴子说,你一会儿要推磨,一会儿又要驮沉重的货物,十分辛苦,不如装病,摔倒在地上,便可以得到休息。驴子听从了山羊的劝告,摔得遍体鳞伤。主人请来医生,为它治疗。医生说要将山羊的心肺熬汤作药给它喝,才可以治好。于是,主人马上杀掉山羊去为驴子治病。

害人者最后的下场肯定更加悲惨。因嫉妒而产生偏激心理,心怀怨恨,中伤别人、诋毁别人等,以种种手段来实现心理平衡,这种人最终必定引火自焚。

嫉妒是与生俱来的一种消极情绪,它潜伏在每个人的心里。少受它影响的人,活得才会更加快乐。因此,心理学家提出了克服嫉妒心理的几点建议:

1. 正视嫉妒心理:嫉妒心的产生往往伴随着偏激心理和内心的一种错误理解,即人家取得了成就,便觉得是对自己的否定,他做得好,自己还毫无成绩,是不是自己很失败?其实,每个人的经历、背景、机遇等构成成功的因素都不相同,你不必苛求他人和自己站在同一起跑线上,你只需在自己的跑道上,努力做最出色的自己,你就是成功的人。

2. 及时攻击嫉妒:嫉妒心一旦产生,就要立即把它打消掉,以免其作祟。

3. 正确比较:一般而言,嫉妒心理较多地产生于周围熟悉的年龄相仿、生活背景大致相同的人群中。因此,只有采取正确的比较方法,将人之长比己之短,而不是以己之长比人之短。

4. 不要太自我:嫉妒心理强的人往往都以自我为中心,他们时刻想突出自我,表现自我。无论什么事,首先考虑到的是自身的得失,因而引起一系列的不良后果。若出现嫉妒苗头时,加强自我约束,摆正自身位置,努力驱

除嫉妒心理，可能就会变得“心底无私天地宽”。

心理学启示

德国有一句谚语：“好嫉妒的人会因为邻居的身体发福而越发憔悴。”所以，好嫉妒的人总是40岁的脸上就写满50岁的沧桑。嫉妒是心灵的地狱，你越嫉妒，你在黑暗的地狱中监禁的时间就越长。这种人是极为可怜的，他们自卑、阴暗，他们享受不到阳光的美好，体会不了人生的乐趣；嫉妒的人是那么的可悲，“心灵的疾病”会扩散到身体各处，引起躯体上的不良反应，七病八疾不请自到，它是摧毁人性和健康的毒药。

嫉妒的人总是拿别人的优点来折磨自己，嫉妒和自私犹如孪生兄弟。法国作家拉罗会弗科就曾说过：“嫉妒是万恶之源，怀有嫉妒心的人不会有丝毫同情。”“嫉妒者爱已胜于爱人。”因为嫉妒，他不希望别人比自己优越；因为自私，他总是想剥夺别人的优越。嫉妒不仅折磨自己，也危害被嫉妒的人。中国古代有副对联，叫做“欲无后悔须律己，各有前程莫妒人”。希望好嫉妒的人经常诵读此联，不断反省自己，改善自己的嫉妒心理。

保持心态平衡，悉心修正健康的心理

心态与心理紧紧相连，唯有正常的心理，才有正常的心态。可以说，心理直接决定心态。心理是一个人的生物机理，心理出问题，其心态必然不好；而心态是决定心理的必要条件但绝非充分条件，心态不好，其心理未必有问题，但如果这种不好的心态持续蔓延的话，必定影响其正常的心理。社会中不同的人有着不同的心理压力。在这种状态下，心态如果失衡，必然会影响其正常的工作和生活，对自己、对他人也会造成很大的伤害和损失。让自己保持快乐的阳光心态，你的心理也将更加积极和健康。

保持与人为善的心态

与人为善并不是为了得到回报,而是为了让自己活得更快乐。

心理学家说,心态和心理紧密相连,通过一个人的心态,就能够看到这个人的心理和本性。每个人的心里都有善良的因子,都渴望与人真诚交往,和善相处。人世间最宝贵的是什么?雨果说得好:与人为善。

古代朝鲜御膳厨房有一种惯例:凡是被赶出宫的内人永远不能再回到宫里任职。大长今就是一位受到仇人的迫害被发配到济州岛的上赞内人。她凭借与人为善的策略重新回到了宫里。

在济州岛,一位叫张德的医女告诉她,要想再回到宫里,只有勤学医术这一个办法,只要医术高明,就能被朝廷选拔为医女,重新进宫。

大长今非常聪颖好学,在张德的帮助下,医术突飞猛进。

一晃三年过去了,大长今的医术已今非昔比。朝廷选拔医女的日子到了。大长今沉着应试,在前几轮医学知识考试中都得了第一,最后一轮是给患者看病的实践性考核。

她非常自信,因为在这之前她已经有了丰富的实践经验。但是她做梦也没有想到,那名陷害她的仇人竟然是她要看的病人。那一刻,她动摇了。她不止一次想过,拒绝给她看病或者给她误诊,以报积郁在心中的深仇大恨。但是如果这样,她再次进宫的梦想就前功尽弃了。理智终于战胜了仇恨,她把她当做一名素昧平生的病人,体贴入微地为她诊治,亲自为她吸痰,甚至比给别人诊病更加周到耐心,在规定的时间内治好了她的病,使这个曾经迫害她的病人感动得泣不成声。她终于顺利通过了实践考试,以优异的成绩入选为内医院的医女。

善良的心是人世间最宝贵的财富。做人最需要的就是一颗博爱而仁慈的心,只有把别人当做自己的亲人一样来爱护,做人的境界才会不断提升。大长今把仇人当成普通患者,给予无微不至的诊治,没有这样的做人胸襟,她也不可能成为一名称职的医生。同样,没有这样与人为善的品德,也不会成为一个受人尊敬的人。

与人为善是一个人最优秀的品质,人可以没有钱,可以没有才华,只要他有一颗善良的心,他收获的将是希望、爱与尊重。一个与人为善的人绝对是一个受人尊敬的人。

与人为善是做人的一种积极和有意义的行为。它可以为自己创造一个宽松和谐的人际环境,使自己有一个发展个性和创造力的自由天地,并享受到一种施惠于人的快乐,从而有助于个人的身心健康。卡耐基说,你怎么对待别人,别人就会怎么对待你。这就教育我们,要待人如待己。在你困难的时候,你的善行会衍生出另一个善行。与人为善并不是为了得到回报,而是为了让自己活得更快乐。

心理学启示

在心底长存善心,常留善念,你的心态就会更为平和。孟子说:"取诸人以为善,如水与人为善,故君子莫大乎与人为善良。"播种善良,才能收藏希望。一个人可以没有旁人惊羡的姿态,也可以忍受"缺金少银"的日子,但失去了与人为善的心理,却足以让人生搁浅和褪色——因为善良是生命的黄金。

多一些善良,多一些谦让、多一些宽容,多一些理解,你的生活就会多一些色彩,多一些收获。善良的心是人生之路上最美丽的那朵花,是一个人获得美满人生的宝贵资本。

希望是心中最坚强的力量

哪怕只有星星点点的希望，我们也要守望，要坚定信心，呼喊出生命无言的力量。

++

人生有时会跌入低谷，遇到可怕的灾难。有的人因此沉沦下去，而有些人则会在心里点燃希望的明灯，努力提升自己，实现谷底反弹的突破。

里德是一个普普通通的农民，年轻时，他身体很健康，工作十分努力，在家乡经营一个小农场。但由于不善管理，再加上当地自然条件比较恶劣，收入十分微薄。这样的生活年复一年地过着，生活不但没有改善，而且灾难却突然降临。

里德患了全身麻痹症，卧床不起，而他已是晚年，几乎失去了生活能力。他的亲戚们都确信，他将永远成为一个失去希望、失去幸福的病人，他不可能再有什么作为了。然而，里德却在不能活动的状态下，思维更加活跃，对生活和生命有了更深的理解，最终创出了自己的一番事业。

里德用什么方法创造了这种奇迹呢？他的身体虽然麻痹了，但是他能思考，他确实在思考，在计划。有一天，正当他致力于思考和计划时，他做出了自己的决定。他要从自己所处的地方，把创造性的思考变为现实。他要成为有用的人，他要供养他的家庭，而不是成为家庭的负担。

他把他的计划讲给家人听。“我再不能用我的手劳动了，”他说，“所以我决定用我的心从事劳动。如果你们愿意的话，你们每个人都可以代替我的手、足和身体。让我们把我们农场每一亩可耕地都种上玉米。然后我们就养猪，用所收的玉米喂猪。当我们的猪还幼小肉嫩时，我们就把它宰掉，做成香肠,然后把香肠包装起来,再冠以一个名字出售。我们可以在全国各地的零售店出售这种香肠。”他低声轻笑,接着说道:“这种香肠将像热糕点一样出售。”

这种香肠确实像热糕点一样出售了!几年后,牌名“里德仔猪香肠”竟成了家庭的日常用语,成了最能引起人们胃口的一种食品。

心理学家说,一个人没有精神的超越,就没有身心的健康,只有身体和心灵同时健康,才能以崭新的精神风貌去迎接生命的旅程并战胜各种坎坷,使人生活得更加充实而又丰富多彩。

一个人心底存有多少希望,未来的生活就会拥有多少美好。希望是生命的动力,是生活的源泉。魏尔仑说:“希望犹如日光,两者皆以光明取胜。前者是荒芜之心的神圣美梦,后者使泥水浮现耀眼的金光。”一个人如果失去希望,就好比鸟儿没有了翅膀,羊群远离了草场。千万不要放弃希望,因为放弃希望就是放弃了生命的翅膀。

心理专家说,失去希望的人,他的人生也就走到了尽头,希望的火光能够常亮,是因为它与坚强为伴。

第二次世界大战期间,在德国纳粹集中营里,德国士兵经常要求英国战俘跟他们踢球。贝鲁姆被俘前是个优秀的狙击手,也是技术精湛的足球前锋。比赛在监狱的满是沙砾的场地上进行。与其说是比赛,还不如说是德国纳粹折磨战俘的一种办法。

纳粹不给战俘队员足够的食物,让他们饿得眼冒金星去参加比赛。德国人借此大比分获胜,然后奚落英国人为猪。

但是,圣诞节前的一场比赛发生了意外,而震惊了观看那场比赛的人中有德国纳粹的高级官员。贝鲁姆在比赛前吃了狱友积攒下来的黑面包,有了足够的体力去比赛。比赛只进行了三分钟,贝鲁姆就像野马一样顺利打乱德国人的防守,冲入禁区,一脚抽射,首破德国人的大门。最后,德国队仍是大比分获胜了,但是他们不失球的神话已被一个缺少食物的战俘打破。不久,贝鲁姆被秘密处死。事先,他已经知道会如此。一位英国作家曾经多

次提到过这个叫贝鲁姆的人，他说，那场圣诞球赛后，贝鲁姆成了集中营中希望和信念的支柱。

五十多年后，英国的一家体育电台播出了这个故事，结果接到了上千个电话，其中有一位老人是贝鲁姆的战友，他说，自从贝鲁姆进了一球后，他就坚信英国必胜。

心理学启示

心理学上讲，人的情绪对健康有很大的影响，在我国，古时候就有"内伤七情"之说，这种看法认为：当人的"喜、怒、忧、思、悲、恐、惊"过度时，会导致人的生理疾病。当悲伤、痛苦的事情来临时，如果你失去战胜它的信心，不给予自己肯定的希望，你也就会让自己在这里越伤越深。

希望与快乐是并存的，那些在痛苦中挣扎，接近绝望的人，他们的脸上很难露出笑容。邢奕竹说，"生活中需要希望，没有希望，生活将无法继续；学习中需要希望，没有希望，学习将毫无乐趣；成功需要希望，没有希望，我们面临的只有失败与挫折；人生需要希望，没有希望，生命将如一口枯井，了无生趣。"从中，你不难体会到，希望就好似一股流进人心的清泉，在滋养你的心灵的同时，也会给予你快乐的人生。

每个人的心底都有悲伤划过

人生忧愁与快乐的关键在于你的心态，把握住自己的情绪，用平和的心态处事，要坚信，悲伤总会过去，幸福很快会到来。

++

人的心理总会经受各种情绪的考验,当悲伤来临时,你用何种心态对待,将决定它在你心底停留的时间的长久。

1945年8月,第二次世界大战对日作战胜利纪念日之后两天,玛丽·布朗太太回到她在渥太华的家,站在空寂的房间里发愣。

几年前,她丈夫死于车祸。接着与她相伴的母亲去世。布朗太太这样描述当时的状况:“钟声与哨笛宣布和平的到来,我唯一的儿子唐纳却死了。我的丈夫和母亲在那之前就死了,整个家只剩我一个人。”

“离开孩子的葬礼回到家中,那种无名的空寂感,我永远难忘。没有哪儿会比家更空寂了。悲伤和恐惧让我窒息:除了学会一个人生活,还要改变生活方式,最大的恐惧则是怕自己因伤心而发疯。”

一连几个星期,布朗太太都沉浸在悲伤、恐惧和孤独之中,痛苦和惶惑使她茫然,不肯接受现实。她说:“我相信,时间会帮我平复创伤,但是时间过得太慢了,我必须找点事打发时间,于是我就去工作。”

“时间慢慢地过去,我发现我能重新对生活、同事、朋友产生兴趣。我渐渐明白不幸的事已经悄然走远,未来的一切正在变好。我曾经多么愚蠢,怨苍天待我不公平,不肯接受现实。但是时间改变了我。”

“这一天来得很缓慢,不是几天也不是几个星期,它是渐进的。最重要的是我终于学会面对现实。”

“现在,当我回首往事时,就觉得自己像一艘航船历经风雨后终于航行在平静的海面。”

心理学启示

面对痛苦,我们会悲伤,但是不应该让悲伤充满我们的生活,马克思说:“一种美好的心境比千副良药更能解除生理上的疲惫和痛楚。”当厄运不幸降临时,情绪也会糟糕到极点。这种负面的情感体验让你觉得自己仿佛陷

入了一片黑暗的沼泽之中，而且越来越深，将要被它吞没。

生活中人人都有可能在某个时刻走入这种境遇之中，平静的你看待深陷痛苦之中的人，心生怜悯是大多数人的反应。而当你不巧是那个悲惨的人时，渴望被更多的人同情的潜在心理会成为你走出这种状态最大的障碍。每个人的心底都有悲伤划过，留住悲伤的人，就会失去阳光般的人生。

付出是一种幸福

有时候不经意的付出，将会为对方带来终生的影响。

++

我们总是说，有付出才有回报。你想要别人怎样对你，那么你首先就应该那样对待他人。但人都有自私的心理，我们总是苛求别人的帮助、给予，却很少能主动想到自己应该善良、无私地多付出一些。

有一份报纸曾经报道过一则事故：有一个人登山时，遇到了暴风，不幸迷失了方向，由于他的穿着跟装备无法充分御寒，他的手脚逐渐变得僵硬。碰巧的是，当他在寻找避寒之处时，发现有一个人也因为过度寒冷而倒在地上。于是，他立刻走到那个人的身边，并且脱下手套开始帮他按摩手脚，直到那个人逐渐有了反应之后，两个人才一起合力去找寻避寒之地。

事后，故事中的主角说，当他在救助那个人的同时也救了他自己，因为他那原本僵硬麻木的肢体，在为对方按摩的同时，竟然也恢复了知觉，所以他们才能够一同度过最艰难的时期，甚至在山难事件之后，他们也成了感情深厚的好友。

付出总有回报，只是很多时候，回报更喜欢不期而至。在生活的道路上，在工作中，我们难免会遇到困难和挫折，在此种情况下，我们需要别人的关心、爱护和帮助。这种关心和爱护既能够使我们得到安慰,又能够为我们增添克服困难、继续前进的勇气。

常言道:施比受更有福。人生欢喜的源泉来自于我们奉献自己的能力,并且与他人分享我们的希望和快乐,当你回顾自己的人生时,你也会发现某些令人难忘的欢乐时刻,就是在你为他人付出,并且不求任何回报的时候。

在一般的观念中,我们受人恩惠自然应当予以感谢;当我们帮助他人,理应也该得到对方最基本的感谢。但是,当你心中保持着一种"付出就要有所回报"的想法时,行善的真正含义便会遭受扭曲。其实,行善积德之时,我们应当换一个角度去思考——那些接受我们帮助的人,才是我们应当感谢的人,我们要感谢他们让我们有机会行善!

有一天,一个家境贫困的小男孩查理上街推销杂志,以便筹措他下一个学期的学费。但是经过一整天的努力,他却连一本杂志都没有推销出去,对此,他感到十分失望与沮丧。虽然他的身心疲惫不堪,还要忍受一天没有吃东西的饥饿,可是他仍然告诉自己不能够放弃,一定要再试试看。因为只要能够推销出一本杂志,他就能够保住工作,才有继续打工的机会。但是如果真的没有人愿意购买,那么他明天只好再去寻找其他的工作,倘若他来不及赚到足够的学费,那么他也不得不接受休学的命运。

当查理来到一幢很普通的房子前面时,他抱着最后一丝希望按响了门铃,前来开门的是一位年轻的太太。年轻的太太微笑着问道:"小朋友,你有什么事吗?"

查理有点儿紧张,他说:"您好,我……我……我想请问您能不能买下这本杂志?"

年轻的太太愣了一下,随即就说:"你进来吧!让我看看那是什么杂志。"

之后,年轻太太跟查理聊了一下,知道了查理的情况,因此她花了5美元,买下一本杂志,并且请查理吃了一个大汉堡,然后,查理满怀感激地离开了年轻太太的家,当然,他心中不免也因此重新燃起了对生活的希望与

斗志。

多年以后,上进心强的查理成了一名医术高超、家喻户晓的医生。有一天,在查理服务的医院里住进了一位患重病的女人,当查理在替她诊疗病情时,他忽然涌起了一种似曾相识的感觉。虽然这位女病人看起来有些苍老,也十分虚弱和憔悴,但是查理确信她就是当年曾经帮助过自己的那位太太!

正当女病人躺在床上,忧愁地想着自己的疾病将会花光她所有的积蓄时,不禁对自己可能贫困和疾病交加的后半生感到绝望。这时,护士递给她一张医疗账单,她颤抖着双手接过来一看,惊讶不已!因为账单上面写着:亲爱的女士,您的医疗费用为一本杂志加上一个大汉堡!小男孩查理敬上。

心理学启示

心理学家说:有时候不经意的付出,将会为对方带来终生的影响。所以当你不为行善寻找条件与借口时,你最终还是能够得到一份珍贵的回礼。事实上,在施恩与受惠之间,原本就是互动的,因此有时候,我们无法清楚分辨谁是施恩者,谁又是受惠者。

换言之,施恩者与受惠者的处境跟地位,有时会因为时间和地点的不同而有所置换,但真正重要的是,施者不该以自己的施恩而恃强,受惠者也不应该因为接受了他人的恩惠而矫揉造作,当双方均是从心底里面去感谢对方时,就能够在心意互动之余,促进善意的不停循环!

坏事换个角度想就是好事

生活中不如意的事情十之八九,能够坦然处之,不让自己的情绪随意波动,这是一种快乐的智慧。

++

在生活中,也许你也曾不止一次被糟糕的事情突然打扰,你是怎样看待和对待它的呢?一位心理学家在课堂上讲过这样一个故事:

罗伯特·德·温森多是阿根廷著名的高尔夫球手,有一次他赢得一场锦标赛的冠军并领到奖金的支票后,他微笑着从记者的重围中走出来,到停车场准备开车回俱乐部。

这时,一个年轻女子向他走来,她先是向温森多表示了祝贺,然后哭着告诉温森多,她的孩子得了很重的病,正住在医院,如果不能支付昂贵的医疗费和住院费,那可怜的孩子也许就会死掉。温森多被她声泪俱下的讲述深深打动了,他很同情这个年轻的母亲,于是二话没说,掏出笔在刚刚领到的支票上签上了自己的名字,然后塞给那个女子,并对她说:"这是这次比赛的奖金,我想我能帮上的也只有这个了,祝你的孩子走运!"说完,温森多就开车走了。

一个星期之后,温森多正在一家乡村俱乐部吃午饭。这时,职业高尔夫球联合会的一位官员走过来,问他前几天是不是遇到了一位自称孩子生了重病的年轻女子。

"是的,不过你是怎么知道的?"

"停车场的孩子告诉我的。"那位官员说,"不过,我要告诉你一个坏消息,那个女人是个骗子,她根本就没有什么得了重病的孩子,甚至她还没有结婚。可怜的温森多,你太善良了,你被骗了!"

"等等,你是说根本就没有一个小孩子生了重病快要死掉吗?"

"没错,根本没有。"这位官员非常同情地说。

没想到,温森多只是长长地松了一口气:"太好了!这真是我这一个星期以来听到的最好的消息。"

心理学启示

生活中的人鱼龙混杂，虽然好人居多，但你也难免遇到心怀不轨、存心欺骗你的人。当别人伤害了你的时候，不妨换个角度想一想，也许就会有另外不同的理解，尤其当这个人是你的朋友、爱人、亲人的时候。能够摆正自己的心态，就能不往伤口上撒盐。

心理学家说，能够控制自己的情绪、把握自己心态的人，更容易获得幸福的感觉。生活中不如意的事情十之八九，能够坦然处之，不让自己的情绪随意波动，这是一种快乐的智慧。别人给予你伤害，你记恨他、诽谤他，甚至想以牙还牙，最终只会让你的伤痛加倍。如果你漠视他，从中吸取教训，感受其中的收获，把眼光放在未来，你就不会被痛苦和仇怨羁绊，而是会被恬静或快乐包围。

人总是自己与自己较劲

你退一步，按照你所掌握的对方的心理，对方愿意采取令你满意的行动，你的“以退为进”才能达到前进的目的。

++

争强好胜的心理在年轻人的身上表现得尤为突出，想成功，我们要有野心，要用一次次的胜利表现自己的实力。胜利的过程有时并不一定需要击败敌手，让他遍体鳞伤。相反，一味固执争胜，反而会把自己推向绝境。

这是一位心理系的学生在周记中写过的一个故事：

在一个小城的东头,住着全城最有名的律师——理查德;在城西头,住着全城最有名的法官——加里曼。

每当城里有什么案子,总是加里曼负责审判,理查德负责为人辩护。两人向来都是针锋相对,你一句我一句,谁也不肯让步。时间一长,工作上的冲突逐渐演变成个人恩怨,最后两个人竟成了互不相容的仇敌。城里的人都知道他们是一对冤家对头。

理查德和加里曼在乡下都有土地,并且那两块土地还是挨在一起的,因此也是纠纷不断。两人在城里又都有店铺,理查德开的是药店,打着救人性命的招牌;加里曼开的是棺材铺,专门做死人的生意。两个人就仿佛是前世的冤家在今世又重逢了。

有一天,一艘商船从小城路过。从船上传出这样一个消息,说有人在离这里九天路程的一个孤岛上发现了一种新的树木,如果用它来做成药材给病人服用,能够使人起死回生;如果用它来做棺材,死人的尸体能永不腐烂,而且会面色红润,栩栩如生。

理查德和加里曼都听说了这个消息,他俩都怕让对方占了先机,纷纷赶往码头,准备出海去买这种树。结果两人几乎同一时刻赶到了码头。这时,仇人见面分外眼红,他们说什么也不肯坐在同一艘船上,于是两个人便坐在了码头上打起了心理战,都盼望先把对方耗走。

就这样,从日出等到日落,两个人谁也不肯离开码头,而且都吩咐仆人回家把吃的、穿的取来,甚至还让他们拿来了被褥,准备打持久战。

从日落又等到日出,两个人整整相持了一个晚上。眼看着码头上出海的船只越来越少,最后只剩下了一只小船还未出海。两人对望了一眼,也只好无奈地同时上了这艘小船。理查德坐在船头,加里曼坐在船尾,谁也不理谁。

小船起航了,向那个神秘的小岛驶去。当行驶到第三天的时候,海上起了大风暴,狂风裹着巨浪向小船袭来。这艘小船哪能经得住这样猛烈的袭击,眼看就要翻船了。

这时，加里曼问船尾的水手船的哪一头会先沉，水手说船头先沉。加里曼很得意地说："如果能看到我的仇人比我先死，那我出这趟海也就没什么遗憾了。"

而此刻，理查德也问船头的水手船的哪一头会先沉，水手回答说是船尾。理查德听后兴奋地说："如果我能看到我的仇人比我先死，死亡对我来说也就没什么值得畏惧的了。"

两个人正暗自高兴，一个巨浪打来，小船骤然翻了过去，理查德和加里曼双双落入了汪洋大海之中。

心理学启示

在要强争胜的过程中，特别是与对手处于僵持的状态下时，人的心里也会随之一刻也不肯放松。与对手对峙到底，最终赢取胜利，这是很多人崇拜的英雄式的胜利模式。但也正是这种紧绷的心理，使得他们放不开思路，以致自己跟自己在作对。就像故事中的两个人一样，谁也不肯让步，看似是在和对手僵持，其实是在心里和自己作对罢了。

心理学家告诫那些要强的人，不要在那些无所谓的小事上与人过多计较，否则只会让自己更加吃亏。有时适当地退一步，你会看见自己跟自己僵持是多么的愚蠢。

无论是顺境还是逆境，都会过去

任何人在没有经历过磨难之前，都不会成为真正的人。

时间如水,总是从我们的手指间悄悄流逝。不管你现在的处境如何,一切都会向前发展。不要让自己的心过多地在一处煎熬,要知道,不管是顺境还是逆境,都将会过去。

一位心理学家在课堂上讲过这样一个意味深长的故事:

古希腊有一位国王,他拥有至高无上的权势和享用不尽的荣华富贵,但是他却没有快乐。他可以主宰自己的臣民,却难以控制自己的情绪,不断袭来的种种莫名的焦虑和忧郁常常让他闷闷不乐。

终于有一天,国王再也承受不了这种无形的压力,于是他召来了当时最有名气的智者苏菲,要求他找出一句人间最有哲理的箴言,而且这句浓缩了人生智慧的话必须能够一语惊人,能让人无论在什么情况下,都能保持一颗平常心,得意但不忘形,失意但不伤神。苏菲只沉思了一下,就答应了国王,条件是国王要将佩戴的那枚戒指赐予他。

几天之后,智者苏菲就将戒指还给了国王,并再三叮嘱他,不到万不得已,别轻易取出戒指上镶嵌的宝石,否则它就不灵验了。

没过多久,邻国大举入侵,国王亲自率领部下拼死抵抗,然而寡不敌众,最终整个城邦沦陷于敌手,国王只得逃亡。有一天,为躲避敌兵的搜捕,国王藏身在河边的茅草堆中,当他掬水解渴时,猛然看到自己的倒影,不禁伤心起来——当初那个气宇轩昂、威风凛凛的国王,现在变成了蓬头垢面、衣衫褴褛的乞丐模样,这怎能不让人感到难过呢?国王越想越伤心,后来竟双手掩面想要投河自尽。这时他想到了那枚戒指,于是急忙抠下了上面的宝石,只见宝石里侧刻着一句话——这都会过去!

看到这句话,国王的心头重新燃起了希望的火花。是啊,这有什么大不了的,这一切终究都会过去的。从此,他忍辱负重,重新召集部下并东山再起,最终赶走了外敌,赢回了国家。当他重返王宫后,第一件事就是将"这都会过去"这五个字镌刻在象征着王位的宝座上。

后来,这位国王无论再遇到什么事情,都能妥善处理。据说,他在临终前特意留下遗嘱:死后,他的双手要空空地露出灵柩之外,以此向世人昭示

那句五字箴言。

心理学启示

人生在世，没有什么事情是永恒不变的。身处顺境时，要学会珍惜和感恩；身处逆境时，要学会坚强和等待。要不断提醒自己，这一切都将过去。艾尔伯特·雷内曾说："任何人在没有经历过磨难之前，都不会成为真正的人。经历磨难的时候，你的命运或者地位大概会得到定位。在你经历这样的磨难之前，你不过是小孩子。"即使是一位伟大的国王，在苦难来临之前，他也没有弄懂生命的意义所在。而当他品尝了人生的起伏之后，困难才教会他要善待自己的人生。

心理学家说，被别人疼爱的人是幸福的，被自己疼爱的人是明智的。人活着就应该学会善待自己。"这都会过去"，多么铿锵有力的四个字。这是一种豁达的处世心态，是智者的一种思维方式。不过多地留恋过去的功名利禄，不计较那些浮华的消增得失。在乎的只是自己拥有一个开阔的眼界，对未来充满信心，用希望之火点燃自己拼搏的意志，一切向前看。

永远不要输给自己

自己是最大的敌人，很多时候，一个人在成功路上的最大障碍恰恰就是你自己。

++

心理学家说，很多人在面对问题时，不是因为自己能力不够、实力不足，而是没有自信,自己输给了自己。成功始于自信,这个道理人人皆知,但并非人人都能做到。

莎士比亚曾说:“假使我们自己将自己比作泥土,那就真要成为别人践踏的东西了。”很多时候,我们总是不敢相信自己,总是认为别人比我们要强很多,一件事情要得到别人的肯定才是正确的。

我们生活在竞争如此激烈的社会中,每个人都想要获取胜利、出人头地。但是,经过多少次的失败,我们才真正明白,那个最终使我们受伤的强大的敌人,深深地隐藏在我们自己的心中,这个世界上真正能够打败你的人,唯有你自己。在人的一生中,想得最多的是战胜别人,超越别人,凡事都要比别人强。其实,人一生中面临的最大困难和敌人就是自己。战胜了自己,你将战胜一切!

疯狂英语的创始人李阳,他的英语不是说出来的,而是喊出来的。李阳在读大学时,英语成绩一塌糊涂,尤其是听力和口语。一次,李阳被老师叫起来回答一个简单的问题,李阳知道这个问题的答案,可就是说不出来。于是他对老师说:“我可以写在纸上再给你看吗?”同学们都哄堂大笑。老师生气地说:“这么简单的句子都说不出来,你还是大学生吗?”接着老师又转过身去对同学们说:“如果你们不好好学习口语就像李阳这样。”“就像李阳这样”,这句话深深地伤害了他。从那时起,他就下定决心,非要把口语练好不可!

于是,他每天早晨坚持到学校后面的小山上去练习口语,练习的时候,不是说,而是大声地喊出来,更让人不可思议的是,他的嘴里竟然含着石头。李阳认为,口语不好,主要是两个原因:一是胆子小,不敢说;二是发音不准,说出来别人也听不清楚。喊英语,能练胆子;含石子,能练发音。就这样,李阳坚持不懈地练习口语,风雨无阻。遇见熟人,也不怕别人耻笑,即使别人骂他疯子,他也不在乎。

功夫不负有心人,奇迹出现了,三个月后,李阳不仅能流利地回答出英语老师提出的问题,甚至还为老师纠正部分错误的发音。时至今天,“李阳

疯狂英语"成了英语学习产品当中最响亮的一块名字。

生活绝不会怜惜失败者，在挫折面前，勇者进懦者退。人生的成功属于失败中坚持崇高理想的强者。自信的树立与巩固，与人生的不断收获是分不开的。自信不是天生的，也不是想达到什么程度就达到什么程度，当人们在具体的职业上，经过不断地学习，增添了新的智能并在实践中加以良好运用，而不断取得新的成效，有所进步、有所发展时，自信心就会不断地提升，并长此以往，形成一种自觉的心理态势，达到自信人生两百年，会当击水三千里的境界。

心理学启示

心理学家经常说，自己是最大的敌人。很多时候，一个人在成功路上的最大障碍恰恰就是你自己。自私自利、贪图安逸、傲慢无礼等都是自己前进路上的障碍；怯懦、怀疑和恐惧则是自己最大的敌人。所以，你要时时警惕自己身上的弱点。

人生最强大的敌人就是自己，最大的挑战就是挑战自我。自信方能自强，只有自信，才能做到知难而进，才能有临渊不惊、临危不惧的英雄本色。很难相信一个连自己都不敢肯定的人能够得到别人的认可，只有真的相信自己，才能够得到别人的信任，也才能够创造出自己事业上的奇迹。

对待敌人并不只有痛恨

没有天敌的动物往往最先灭绝，有天敌的动物则会逐步繁衍壮大。

人的心里从小就具有爱憎分明的情感,对的就是对的,错的就是错的;黑是黑,白是白。我们应该唾弃那些黑暗的东西,憎恨和厌恶我们的敌人,要将他们打入十八层地狱。

事实真的是这样吗?安提西尼说,重视你的敌人,因为他们最先发现你的错误。敌人,这个词是个中性词。在小的时候一听说是敌人一定说是坏蛋,为此还和大人一直争论,绝对不改变自己的看法。其实在现今社会,敌人更多地理解为对手,对手不一定是敌人,拥有一个强劲的敌人或卓越的对手也是非常难得的事情。拥有强劲的对手会不断鞭策自己向前行进,不能有丝毫的懈怠和麻痹,否则就会被淘汰出局。

一位心理学家在课堂上讲过这样一个案例:

加拿大有一位享有盛名的长跑教练,由于在很短的时间内培养出好几名长跑冠军,所以很多人都向他探询训练的秘诀。谁也没有想到,他成功的秘密仅在于一个神奇的陪练,而这个陪练不是某个人,是几只凶猛的狼。

这位教练一直要求他的队员从家里出发时一定不要借助任何交通工具,必须自己一路跑来,作为每天训练的第一课。有一个队员每天都是最后一个到,而他的家并不是最远的。教练甚至想告诉他改行去干别的,不要在这里浪费时间了。

但是突然有一天,这个队员竟然比其他人早到了20分钟,教练知道他离家的时间,算了一下,他惊奇地发现,这个队员今天的速度几乎可以打破世界纪录。他见到这个队员的时候,这个队员正气喘吁吁地向他的队友们描述着今天的遭遇。

原来,在离家不久经过一段五公里的野地时,他遇到了一只野狼。那野狼在后面拼命地追他,他在前面拼命地跑,最后那只野狼竟被他给甩下了。

教练明白了,今天这个队员超常发挥是因为一只野狼,他有了一个可怕的敌人,这个敌人使他把自己所有的潜能都发挥了出来。

从此,这个教练聘请了一个驯兽师,并找来几只狼,每当训练的时候,便把狼放开。没过多长时间,队员们的成绩都有了大幅度提高。

人的一生会遇到各种各样不同的对手。在学校的时候，总是有人成绩在你之上，或者你稍有懈怠就会被别人超过；身在职场，总是有些人比你出色，比你更能得到老板的信任，比你更精通专业知识和技能……

心理学家说，能够拥有优秀的对手的人也不会是凡庸之辈，必然拥有对手值得敬重的德行和超乎寻常的才干。乔治·巴顿研发 M1A2 型坦克装甲的故事，正好说明了对手的积极作用。

M1A2 型坦克的研制者乔治·巴顿中校是美国陆军最优秀的坦克防护装甲专家之一，他接受研制 MlA2 型坦克装甲的任务后，立即找来了毕业于麻省理工学院的著名破坏力专家迈克·马茨工程师。两个人各带一个研究小组开始工作。巴顿带的是研制小组，负责研制防护装甲；迈克·马茨带的则是破坏小组，专门负责摧毁巴顿已研制出来的防护装甲。

刚开始的时候，马茨总是能轻而易举地将巴顿研制的新型装甲炸个稀巴烂。但随着时间的推移，巴顿一次次地更换材料、修改设计方案，终于有一天，马茨使尽浑身解数也未能奏效。于是，世界上最坚固的坦克在这种近乎疯狂的"破坏"与"反破坏"试验中诞生了，巴顿与马茨也因此而同时荣获了紫心勋章。

在今天这个竞争日趋激烈的社会里，到处都有自己的竞争对手。在与对手竞争的过程中，保持什么样的态度，对于成功而言，非常重要。

闻一多的话很好地说明了对手对于个人发展的作用，他说："我们不怕承认自身的'弱'，愈知道自身弱在哪里，愈好在各人自己的岗位上来尽力加强它。"

心理学启示

心理学家分析说，没有天敌的动物往往最先灭绝，有天敌的动物则会逐步繁衍壮大。大自然中的这一现象在人类社会同样存在。敌人的力量会让一个人发挥出巨大的潜能,创造出惊人的成绩,尤其是当敌人强劲到足以威胁你生命的时候。

在生活中,你没有必要憎恨或者抱怨强劲的“对手”!若仔细回想一下你就会发现,真正促使你进步、成功的,真正激励你昂首阔步向前的,不单是朋友和亲人的鼓励,更多的时候,是你的“对手”激发了你的潜能,促使你不断进步。《三国演义》中,诸葛亮和周瑜就是对手,从各为其主上看待他们,他们是敌人,是非常有力的对手。就个人而言,他们相互欣赏,相互敬重,只是现实把他们的位置摆在对立面。周瑜亡,孔明吊孝灵堂,大放悲词,泪雨滂沱。孔明为失去一个优秀的对手而悲伤,对于强者来说,遇不到对手和敌人,自己的进步也将慢慢停止。

用宽容之心对待他人

面对别人的中伤和诽谤,上前评理只会产生争执,令诽谤你的人更加猖狂。最坏的一点是会打扰你内心的平静。

++

有恩必还,有仇必报是很多性情中人坚守的做人准则。他们是非分明,讲求情意,性情豪爽。古人也曾说,受人滴水之恩,当泉涌相报。这是一种感恩的情怀,然而,受人点滴欺负、诽谤、伤害,是否就该加倍偿还,你还需要冷静分析。

很多时候,以一颗宽容的心对待别人,即使他欺负你、诽谤你,多交一个朋友,也比多树一个敌人要好得多。

北宋时,有个读书人叫做吕蒙正,他虽然家境贫寒,但勤奋好学。后来他考中状元,在朝中为官,并逐步官至宰相,相当于一人之下,万人之上。

有一天，吕蒙正上朝时，听见有个大臣在离他不远之处指着他说："他有什么能耐，这样的小子也能当宰相吗？"

吕蒙正闻听此言，并没有什么表示，只是装作没听见。和他一起上朝的几个大臣个个为他感到不服气，想过去和那个说话的大臣理论一番。吕蒙正忙摆手制止了他们。

这几位大臣都不明所以，问道："吕大人，您明明满腹治理国家的才学，难道就任这黄口小儿如此胡说吗？"吕蒙正笑了笑，不慌不忙地说："大人此言差矣。那位大人这样批评我，对我有什么损失呢？如果我现在过去查看到底是谁如此说我，我就会永远记住他的姓名并怀恨在心，扰乱了我内心的宁静。而且就算是惩罚了他，对我又能有什么益处呢？对于说话的人来说，可能是一时误会才会如此，我又何必与他一般计较呢？我只要做好宰相之职，为国家效力，这样的言论也就不消自灭了。"

此事传开以后，所有人都佩服吕蒙正的肚量，对他赞叹不已。

宽容之心使人化解同别人的矛盾，使大家愉快相处。宽容对待他人，不仅不会损失什么，而且往往还能收获更多的信任和情意。

一次，哈维夫人邀请了几个重要的朋友吃午饭，并邀请林克负责宴会事宜。林克是纽约最好的宴会经办人，以前曾经协助哈维夫人举办过多次成功的宴会，深得哈维夫人的信任。

但是，这次林克让哈维夫人很失望。午宴很失败，整个宴会毫无秩序，菜做得糟透了，每次上菜都是最后才端给主客。宴会上根本看不到林克的身影，他只派了一个助理来，安排的几位侍者一点也没有一流服务的概念。哈维夫人对此很生气，决定等见到林克时，好好给他一点颜色看看。

但是，哈维夫人转念一想，对林克大发一顿脾气，除了使他尴尬、不高兴并产生不愿意合作的情绪外，没有任何好处，这次的事已经无法补救了，何必再为以后的合作增添障碍呢？所以，当她再次见到林克时，哈维夫人和颜悦色地说："林克，我只想告诉你，上次的宴会你若是能在场，对我会有多么重要！当然，那天的菜不是你做的，也不是你上的，虽然你是纽约最好的宴会经办人,但那天的局面是你也没办法控制的。”

“是的,夫人,那天的事情我确实很抱歉,您能这样理解我,我真的感到很高兴!”

“林克,下周我还要举办一个宴会,我仍然非常需要你的帮助,你认为我们是不是应该再合作一次呢?”

“谢谢,夫人,我也非常期待与您再次合作,我想上次的情况不会再发生了!”林克微笑着说。

在下周的宴会开始之前,林克和哈维夫人一起计划菜单,并亲自在现场照应,服务完美无缺。宴会结束后,客人和哈维夫人说道:“我从未见过如此周到完美的宴会服务,您对宴会经办人施了什么魔法吗?”

哈维夫人笑了:“我的魔法就是友善和宽容!”

心理学启示

心理学家对年轻人说,生活中经常会发生摩擦或误会,如果你的脾气见火就着,做人有仇必报,那么你生活中的麻烦和烦心事会越来越多。面对别人的中伤和诽谤,上前评理只会产生争执,令诽谤你的人更加猖狂。最坏的一点是会打扰你内心的平静,使你产生记恨之心,最终流于小人的行列。面对别人的恶语中伤,要记住,事实胜于雄辩,对于一时的流言飞语,不必去斤斤计较,踏踏实实地做好自己的事,才是最简单、最有效的解决之道。

呵护自己的宽容之心,心理学家给出了如下几点建议:一是要正视自己的怨恨,心平气和地多想想别人对自己做过的好事,哪怕就是那么一点点而已。二是要多着眼于未来,过去了的事只能是过眼云烟,结果总不能改变。三是要有一颗谅解的心,真心实意地对待伤害过你的人,做个生活中的君子。

不要为得到别人的赞美而活着

为了掩饰对虚荣的追求，自欺欺人就成了某些人心里最好的慰藉，他们整天活在自己给自己制造的感觉里。

++

在印度佛教的《百喻经》中，有这样一则可笑而又发人深省的故事：

有一位先生娶了一个体态婀娜、面貌清秀的太太，两个人恩恩爱爱，是人人羡慕的神仙美眷。这位太太眉清目秀，性情温和，唯一美中不足的是长了个酒糟鼻子。柳眉、凤眼、樱桃小嘴、瓜子脸，却长了个酒糟鼻子，上天仿佛忘记了什么，就像一位失职的艺术家，对于一件原本足以称傲于世间的艺术精品，却少雕刻了几刀，显得非常的突兀怪异。

这位丈夫虽然很爱自己的妻子，但对她的鼻子却终日耿耿于怀。一日他外出经商，路过贩卖奴隶的市场时，看见宽阔的广场上，人声鼎沸，大家都争相吆喝出价，抢购奴隶。广场中央站了一个身材单薄、瘦小的女孩子，正以一双泪汪汪的眼睛，怯生生地望着面前这些能决定她未来命运的人。这位丈夫仔细端详了一下女孩子的容貌，忽然他被深深地吸引住了。这个女孩子的容貌虽然并不出色，但她的脸上长着一个端端正正的鼻子，这鼻子的线条十分美丽，他立刻决定要不计一切代价买下这个女孩子。

这位丈夫最终以高价买下了这个长着端正鼻子的女孩子，兴高采烈地带着女孩子日夜兼程赶回家，想给心爱的妻子一个惊喜。到了家中，他把女孩子安顿好之后，用刀子割下女孩子漂亮的鼻子，拿着血淋淋还温热着的鼻子，大声喊道："夫人，快出来！你看我给你买回来的最宝贵的礼物！"

"什么宝贵的礼物啊，看你这么大呼小叫的！"太太不解地应声走出来。

"看,我为你买了个多么端正美丽的鼻子啊,快戴上看看。"

丈夫说到这,忽然抽出怀中锐利的尖刀,一刀朝太太的酒糟鼻子砍去,太太的酒糟鼻子掉落在地上。丈夫连忙用双手把端正的鼻子按在妻子脸上的伤口处。但是无论丈夫如何努力,那个漂亮端正的鼻子始终无法贴在妻子的鼻梁上。

可怜这位妻子,既得不到丈夫苦心买回来的端正而美丽的鼻子,又失去了自己那虽然丑陋但是货真价实的酒糟鼻,还受到无端的刀刃创痛。而那位丈夫的愚昧无知,更是叫人觉得可怜又可恨。

心理学启示

玛乔里说:"不要为得到别人的赞美而活着,要让自己感到骄傲,才是真正的人生。惧怕别人看到自己的短处,这不过是一种虚荣心而已。"俗话说:"金无足赤,人无完人。"人生确实有很多不完美之处,完美只是在理想中存在。生活中的遗憾总会与你的追求相伴,这才是真实的人生。人不应过分地奢求不属于自己的东西,不要让追求完美成为生活中的苦恼。

心理学家说,生活中总有许多事情让人捉摸不透,有些人活着就是为了得到别人的赞赏,太在乎自己的容貌,在乎自己的面子,每天为了穿什么衣服,是否说错了某句话而思考良久,甚至忧心忡忡,这样的人活着很累。他们中的某些人为了掩饰自己的虚荣心理,自欺欺人就成了他们最好的慰藉。为了别人看似的美丽而活,你已经失去本色的自己。

你未注意到的心理摆规律

在永远后悔和勇敢尝试之间,谁都不愿意当个懦夫,但当人处于压力下

时，心理的潜在力量更容易让你选择前者。

++

人生中总会经历很多关键时刻的考验，也会面临各种难题，如果能把握好，人生的境界也许会由此大大提高。然而，很多人在不该打退堂鼓时拼命后退，因为恐惧失败而不敢尝试，因为害怕失去已有的东西而故步自封，因为看不清结果的好坏而不敢行动。这些心理因素极大地影响着一个人作出判断和选择。

大家都熟悉这样的现象：当你去摆动一个垂直悬挂在绳子上的物体时，这个物体向左摆动的幅度越大，向右摆动时，幅度也会越大。这种司空见惯的物理规律在我们心理上同样存在，心理学家称之为"心理摆规律"。

关颖珊是一位华裔花样滑冰的高手，她在赢得2000年世界花样滑冰冠军时的精彩表现给了我们很好的启示。在大赛开始之前，她一心想赢得第一名，然而在最后一场比赛前，她的总积分只排名第三位，在最后的自选曲项目上，她选择了突破，而不是少出错的保守做法。在4分钟的长曲中，关颖珊结合了最高难度的三周跳，并且还大胆地连跳了两次。她也许会败得很难看，但是她突破了，最后成功了。

比赛结束后，别人问她为什么要做这样的选择，她回答说："因为我不想等到失败，才后悔自己没发挥潜力。"这种强烈的渴望使得关颖珊的情绪由只能"保三"的紧张和低落，直接转为放开一切，力拼第一的积极和主动，最终获得了理想的成绩。

或许很多人面对关颖珊这个同样的问题时，都会选择"保三"的做法，不管怎样至少可以得那个铜牌。但是，关颖珊不想只拿个铜牌，她要突破自己，超越自己，她选择了力争第一！可以想象，当时她在巨大的压力下是如何保持理智与情绪之间的平衡，如何把自己的心理调整到最佳状态的。

心理学家分析说，人的心理状态在受到外界事物的刺激时，会呈现出多层次性和两极分化的特点。每一种情感都具有不同的层次等级，还有着与之相对立的心理状态,比如爱与恨、喜悦与忧伤、欢乐与痛苦等。这种情感状态就像是时钟的摆,向左摆得越厉害,也就会越向右摆。在特定背景的心理活动过程中,感情的等级越高,出现的"心理斜坡"就越大,因此也越容易向相反的情绪状态转化,有人称之为"心理摆规律"。如果此刻你感到兴奋无比,那相反的心理状态极有可能在另一时刻不可避免地出现。这就是我们经常说的"乐极生悲"!

这种"心理摆规律"能让我们在某些特殊情况下激发出自己的潜能,放手一搏,取得成功,就像关颖珊一样。但同时也要注意克服这种"心理摆规律"给我们的心理带来的不良反应。

首先,不要对平凡生活心存排斥。人生不可能总是处于巅峰状态,生活也不可能永远如诗般美好。月有阴晴圆缺,人有悲欢离合,生活有聚也有散,有乐也有苦。如果有人到一个海上孤岛过着看似幸福的生活,远离城市喧嚣,远离人群,吃着没被污染过的野菜和鱼虾,那么,这种日子他肯定不会坚持很久。毕竟,人生不可能只有激情、浪漫和刺激。如果对平凡的生活状态总是心存排斥之意,那我们的心境自然也就会因生活场景的变化而大起大落。

其次,享受不同生活状态的不同乐趣。既能在激荡人心的活动中体验着激情的热烈奔放,又能在平淡如水的日常生活中享受悠然自得的生活情趣;既能吃得了山珍海味,也能吃得了粗茶淡饭。唯有如此,我们才能在生活场景发生较大转换时,在由顺境转入逆境时,避免心理上产生巨大的失落感和消极情绪。

心理学启示

心理学家总结说,"心理摆规律"在日常生活中极为常见。比如一个人刚得到升职或加薪的消息,他会心花怒放,可是回到家,他忽然觉得这没什

么可高兴的，甚至开始为工作中的很多琐事烦心不已；再比如，你在参加朋友聚会时，激动不已、口若悬河，可是当朋友散去，你又感到冷冷清清，寂寞难耐……为什么我们的心情时常会从“沸点”降到“零点”呢？毫无疑问，这都是心理摆规律在作怪。

因此，人们在生活中首先要处理好的事情就是理智地控制自己的情绪。人处在让自己快乐兴奋的生活环境时，应保持适度的冷静和清醒，懂得居安思危。而当自己转入情绪的低谷时，要尽量避免不停地对比和回顾自己情绪高潮时的“激动画面”，隔绝有关刺激源，把注意力转移到一些能平和自己心境或振奋自己精神的事情和激动当中去，这样才不会“触景生情”，让自己无法自拔。

人应该只和自己比

人在做事时都会主动或被动地与别人较量高低，并且喜欢把太多的时间和精力花在注意别人的进步或落后上。

处于特定环境下的人，总爱拿自己跟群体中的普通人比较，以此来摆正自己的位置，在比较中，寻找那种自己活得不错、水平挺高、能力很强的感觉，满足心理自我肯定的需求。小时候的爱因斯坦，也是这样的人。

爱因斯坦从小就是一个十分贪玩的孩子。母亲一遍遍地教导他说：“孩子，你不能总是这个样子啊。”可是，爱因斯坦总是左耳进右耳出，还不以为然地回答说：“为什么不能这样呢？你瞧瞧我的伙伴们，他们不都和我一样吗？而且我现在也不错啊！”母亲对他真是无计可施。

父亲看在眼里，记在心上。有一天晚上吃完饭，爱因斯坦缠着父亲讲故事,父亲想了一下,给他讲了一件发生在自己身上的真实的事。

父亲说:"昨天,我和邻居杰克大叔去清扫南边工厂的一个大烟囱。那烟囱必须踩着烟囱内的钢筋踏梯一步步上去。你杰克大叔在前面,我在后面,我们抓着扶手,一阶一阶地终于爬上去了。下来时,你杰克大叔依旧走在前面,我跟在后面。钻出烟囱时,我看见你杰克大叔的脸又黑又脏,像个小丑,心想我肯定和他一样,于是我就到附近的小河里去洗了又洗。而你杰克大叔呢,他看见我钻出烟囱时干干净净的,就以为他也和我一样干净呢,于是只草草洗了洗手和脚,就大模大样地上街了。结果,街上的人都笑痛了肚子,还以为你杰克大叔是个疯子呢。"

听父亲讲完,爱因斯坦也哈哈大笑起来。父亲郑重地对他说:"不要笑。其实,别人谁也不能做你的镜子,只有自己才是自己的镜子。拿别人做镜子,白痴或许会把自己照成天才的。"

爱因斯坦听了,顿时满脸愧色,从此离开了那群顽皮的孩子们。他时时用自己做镜子来审视和映照自己,终于映照出了他生命的熠熠光辉。

人的一生就是认识自己的一个过程,我们在看待他人,和他人比较时,努力想看清自己。但很多时候,在比较中,你反而失去了自己的位置。

从前,有一个钟表店,每天中午总有一个年轻人几乎定时在店门口出现,抬起手腕上的表与墙上的挂钟对一下,随后匆匆离去。有一天,钟表店老板终于忍不住心中的好奇,他叫住这个年轻人,问道:"年轻人,你每天这个时候路过我这里都要停一下,请问是为什么呢?"年轻人说:"我是你们店斜对面工厂里的领班,每天中午负责拉吃饭铃,但怕时间不准,所以我只好在每次拉铃之前来您这里对时。"老板大吃一惊:"不会吧,怎么会有这样的事!我这个店里所有钟表的时间一向都是依你们厂中午的铃声为准的……"

在现实生活中你会发现,那些和别人做比较的人很难发现自己的缺点,如果别人比你差或者和你处于同一水平,你便会满足现状,裹足不前。要比就和自己比,这才是上策。同自己的过去比,现在比,未来比,总结经验、发

现自我、开发潜能、把握出路，一直保持积极的心态，你就会越来越接近完美的自我。

心理学启示

很多人都有这样的心理，不管做什么事情，都会主动或被动地与别人较量高低，我们总是喜欢把太多的时间和精力花在注意别人的进步或落后上面：如果别人比我们落后了，我们便会沾沾自喜；如果别人比我们进步了，我们便会灰心丧气。其实，对每个人来说，真正的进步是与自己的过去相比较而言的，你不一定能超过每一个竞争对手，但你能超过你自己，而只有超过了你自己，才能超过更多的对手。与你自己比，每天哪怕是进步一点点，日积月累，最后获得的成功一定会超乎你当初的预期。

心理学家这样认为，和自己比的人能以一种清晰的思维看待自己，鞭策自己不断进步。而与别人比较，无论是相互比较还是其他形式的比较，都会有一定的误区。一旦陷入这种误区，某种程度上会影响到你的一生。比如一名优秀运动员，只有不断打破自己所创造的纪录，才能一直拥有冠军的头衔。邓亚萍如果不是一次次与自己比，能有那么高的成就吗？如果她只是和别人比，那她基本上是没有对手了，可是，别人也会不断进步，自己可能会逐渐退步，如果不超越自己，以后怎么打败对手？因此，优秀的你也该摆正自己的心理倾向，试着与自己比较，这样的比较不仅真实，也更有挑战性。

参考文献

[1] 王美绪.图解心理学[M].海口:南海出版社,2008.

[2] 汪向东.心理学的100个故事[M].北京:新华出版社,2008.

[3] 汪龙光.能言善辩的心理学[M].北京:新世界出版社,2008.

[4] 李开复.做最好的自己[M].北京:人民出版社,2005.

[5] 靳西.卡耐基人际关系学[M].北京:燕山出版社,2007.

[6] 文成蹊.听心理学家讲故事[M]. 北京:中国纺织出版社,2008.